DIESES BUCH IST GESCHRIEBEN VON
RENATE HUDAK, HARALD HARAZIM UND

Dieses Buch ist nachhaltig und regional in Deutschland produziert. Das Papier ist FSC®-zertifiziert und um Plastik zu sparen, verzichten wir auf eine Plastikfolie drumherum.

Dein PROJEKT. Dein GUIDE.

ulmer

Gärtnern mit Hochbeet

inhalt

Vorwort - Hallo! 6

DER ANFANG:
LEVEL 1 EIN **hochbeet** BAUEN 8

Bunte Hochbeet-Vielfalt 10
Hochbeet-Ideen 12
Der richtige Standort 16
Der Grundaufbau 19
Die Füllung 26
Lästige Mitesser: Schnecken 30

Noch mehr Infos & Ideen gefällig?

Online unter www.ulmer.de/service/extras findest du noch mehr Extramaterial zum Herunterladen und Ausdrucken.

LEVEL 2 PLANEN, anbauen & PFLEGEN 32

Frühling: Was ist zu tun? 34
Sommer: Was ist zu tun? 40
Herbst & Winter: Was ist zu tun? 46
Hochbeet-Abdeckung leicht gemacht 50
Auf gute Nachbarschaft! 54
Gemüse & Kräuter vorziehen 58
Direkt ins Beet säen 62
Starkzehrer pflanzen 63
Plane dein eigenes Beet! 66
Beet-Plan 1: das Familienbeet 68
Beet-Plan 2: das Gemüsebeet 76
Beet-Plan 3: das Kräuterbeet 84
Beet-Plan 4: das Winterbeet 92
Gießen & Bewässerung im Urlaub 100
Ableiten und Auslichten 104
Mulchen & Hacken 108
Düngen – gewusst wie! 110
Kompost: geniale Abfallverwertung 112
Nützlinge anlocken 120
Schädlinge bekämpfen 124
Blüten gegen Schädlinge 126

LEVEL 3 ernten & VERARBEITEN 128

Wann ernte ich was? 130
Was kann ich lagern? 136
Die Ernte haltbar machen 137
Zum Nachschlagen & Stöbern 140

Hallo!

Dieser Guide wächst mit dir, während du wächst!

Wir sind Renate und Harald. Wir lieben unseren Garten und unsere Hochbeete! Mit diesem Buch wollen wir Menschen animieren frisch ins „Hochbeet-geschäft" einzusteigen, „verwaisten" Hochbeeten zu neuem Leben zu verhelfen oder mit neuen Tipps und Tricks Garten oder Balkon „Alter Hasen" zu beleben und reichlich zu ernten. Wie das geht, zeigen wir dir in diesem Guide. **Dieses Buch ist aber mehr als nur eine Sammlung von Informationen über Hochbeete – es ist dein persönlicher Hochbeet-Guide.** Ob du neugierig aufs Hochbeet-Gärtnern im Allgemeinen bist oder bereits mittendrin steckst: Wir wollen dich inspirieren, motivieren und begleiten. Wir zeigen dir, worauf du beim Hochbeet-Bau achten musst und welche Pflanzen sich am besten eignen. Wir geben dir Tipps, was du während des Gartenjahrs wann machen solltest, wie du die Natur unterstützen kannst und wann und wie du was erntest und es haltbar machen kannst.

Über drei Level kannst du dein Wissen und deine Erfahrung schrittweise vertiefen.

Check jeweils den QR-Code!

Auf vielen Seiten findest du QR-Codes, die zu zusätzlichen Videos und Infos führen. Über andere kannst du dir praktische Vorlagen herunterladen – falls dein Guide also irgendwann vollgeschrieben ist, kannst du trotzdem weitermachen.

Eines versprechen wir dir: Du öffnest eine Schatztruhe, und was du darin findest, wird dich so schnell nicht mehr loslassen. Lass uns loslegen!

Renate & Harald

Hier zeigen wir dir, welche Hochbeet-Typen es gibt und wie du ein Kastenhochbeet selber bauen kannst. Außerdem geht's um die richtige Füllung für dein Beet und um bauliche Vorsichtsmaßnahmen gegen Schnecken.

LEVEL 1 DER ANFANG: EIN hochbeet BAUEN 8

Jetzt geht's ans Bepflanzen! Wir zeigen dir, was du beim Erstellen eines Beet-Plans beachten solltest. Außerdem schauen wir uns gemeinsam an, was das Jahr über zu tun ist, wie du dein wertvolles Gut vor Schädlingen schützt, und einige Pflanzen stellen wir dir etwas genauer vor.

LEVEL 2 PLANEN, anbauen & PFLEGEN 32

Und zum Abschluss geht's ans Eingemachte – aber nicht nur. Wir zeigen dir hier, was du wann ernten kannst und was du mit deiner Ausbeute dann machen kannst, wenn der erste Hunger gestillt ist.

LEVEL 3 ernten & VERARBEITEN 128

LEVEL 1

DER ANFANG: EIN hochbeet bauen

Vor der leckeren Gemüsepfanne mit selbst gezogenen Zucchini, Tomaten, Kürbis & Co. und noch bevor deine Pflanzen wachsen und gedeihen können, steht erst einmal Arbeit an: In Level 1 geht's daher ums Hochbeet-Bauen!

Wir zeigen dir, was du dafür brauchst und wie du am besten vorgehst. Außerdem schauen wir uns gemeinsam an, worauf du beim Auswählen des Standorts achten solltest. Selbst wenn die meisten mit dem Bau ihres Hochbeets im Frühling anfangen, kannst du übrigens zu jeder Jahreszeit beginnen. Also auf geht's!

INHALT | SEITE | GECHECKT

INHALT	SEITE	GECHECKT
Check die **Hochbeet-Typen**	10	☐
Check die **Hochbeet-Ideen**	12	☐
Check den **richtigen Standort**	16	☐
Check den **Grundaufbau**	19	☐
Check die **Füllung**	26	☐
Check den **Schnecken-kampf**	30	☐

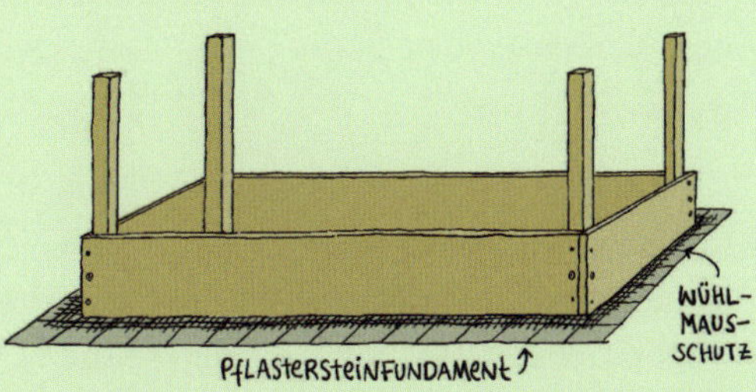

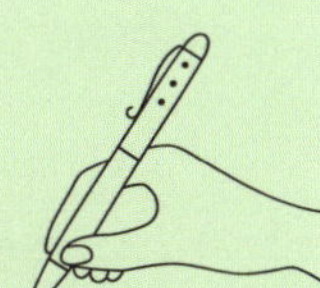

Kreuze die Kästchen an, wenn Du das Thema gelesen hast...

Bunte Hochbeet-Vielfalt

Kastenhochbeet, Hügelbeet, mit Erde gefüllte Kisten, Kräuterspirale, Tischhochbeet ... – von Hochbeet-Typen gibt es beinahe genauso viele wie Gärtnertypen, Gärten und individuelle Ansprüche und Wünsche. Von rustikal bis filigran, von kreativ bis effizient, vom zentralen Gestaltungselement bis zur kleinen Nebennutzungsfläche. Such dir aus, was zu dir und deinem Garten passt!

Wie du ein Kastenhochbeet selber bauen kannst, zeigen wir dir auf den Seiten 22–25.

Der „Urtyp": das Hügelbeet

Das Hügelbeet gilt als Urtyp der Hochbeete und ist ein super Gemeinschaftsprojekt, denn jeder und jede bekommt dabei die Chance, die Muskeln zu trainieren. Im Grunde besteht es aus einem ausgehobenen Graben, der so mit Astmaterial, Kompost und dem Aushub so gefüllt wird, dass ein Hügel entsteht, der bepflanzt werden kann.

Das Kastenhochbeet

Der Hochbeet-Klassiker fordert zum Selberbauen heraus. Holz ist das traditionelle Baumaterial; der Grundrahmen kann aber auch aus Stahl, Kunststoff oder Stein gebaut werden. Die Erscheinungsformen reichen von rustikal bis elegant. Der zum Boden hin offene Rahmen hält das Füllmaterial zusammen und ermög-

Mehr dazu gibt's auf Seite 50.

licht Drainage und Bodenkontakt. Auf dem Rahmen kannst du auch einen Frühbeet-Aufsatz anbringen – der verlängert die Erntezeit ungemein.
Häufig sieht man auch Hochbeete aus ausgedienten Europaletten. Diese werden zusammengeschraubt und durch Drähte zusätzlich stabilisiert. An den Außenseiten können dann noch Blumentöpfe und andere Pflanzgefäße angebracht werden.

Das Kistenbeet

Du kannst aber genauso gut ausgediente Kisten, Badewannen und anderer Hohlkörper verwenden. Ohne Bodenschluss sind es zwar keine Hochbeete im eigentlichen Sinn; für Unentschlossene als Projekte auf Zeit, im asphaltierten Hinterhof und auf Balkon oder Terrasse sind sie jedoch eine prima Einstiegsmöglichkeit ins „Hochbeet-Geschäft".

Die Kisten kannst du auch auf Rollen stellen, dann bist du räumlich flexibel

Video zum Kistenbeet:

Die Kräuterspirale

Eine Kräuterschnecke oder -spirale bietet eine ideale Anbaumöglichkeit mit ganz unterschiedlichen Wachstumsbedingungen für eine Vielzahl von Kräutern – ganz egal, ob du sie für die Küche oder zum Herstellen eigener Heilmittel anbauen willst. Sie sollte aber mindestens zwei Meter Durchmesser haben, damit du Kräuter mit unterschiedlichen Standortvorlieben darauf unterbringst.

Das Tischhochbeet

Im Fachhandel erhältst du die unterschiedlichsten Varianten von Tischhochbeeten. Zwar sind sie mangels Bodenschluss keine klassischen Hochbeete, aber für Kräuter eignen sich trotzdem gut.

Hochbeet-Ideen

Schon immer wollte ich mal selber anbauen:

Kräuter: ______________

____

____

____

____

Salat: ______________

____

____

____

____

Gemüse: ______________

____

____

____

____

Obst: ______________

____

____

____

____

Genauso bunt wie die Vielfalt der Hochbeet-Typen sind die Möglichkeiten, was die Pflanzen anbelangt. Vielleicht hast du schon konkrete Vorstellungen, je nachdem, was du gerne kochst und isst? Oder du hast nur ein begrenztes Zeit- und Arbeitskontingent zur Verfügung? Hier gibt's ein bisschen Inspiration – und erste Tipps, worauf du achten solltest.

Lecker: Gemüsebeet

Ein „klassisches" Hochbeet, dessen Inneres aus verschiedenen organischen Materialien besteht und in den ersten ein bis drei Jahren viele Nährstoffe produziert, eignet sich gut, um darin Gemüse anzubauen. Vor allem Nährstofffresser unter den Gemüsearten sind hier gut aufgehoben. Du kannst Tomaten, Zucchini, Kürbis und Gurken anbauen und in einer Ecke des Hochbeets noch ein paar Kräuter wie Basilikum und Petersilie.

Duftendes Kräuterbeet

Du hast wenig Zeit für die Beet-Pflege oder bist kein großer Gemüsefan? Dann bestücke dein Beet mit duftenden, würzigen Kräutern. Die müssen weniger um-

sorgt werden und sind auch bei Bienen, Schmetterlingen und anderen Insekten beliebt. Da die meisten Kräuter mit wenig Nährstoffen zufrieden sind, eignet sich ein Hochbeet etwa ab dem vierten Standjahr als Kräuterbeet, oder du füllst das Beet gleich beim Bau zusätzlich mit Schotter, Kies und Sand.
Während fast alle Gemüsearten, die wir dir empfehlen, nach einer Saison abgeerntet sind, das Beet räumen und im Folgejahr neu ausgesät oder gepflanzt werden, gibt es bei den Kräutern auch zweijährige (beispielsweise die Petersilie) und mehrjährige Arten (wie Thymian, Oregano, Salbei und viele andere). Die zweijährigen können zwei Jahre auf dem Beet bleiben, bevor sie absterben und neu gesät oder gepflanzt werden müssen. Die mehrjährigen bleiben dauerhaft oder für einige Jahre drauf.

TIPP

Mehrjährige und einjährige Pflanzen solltest du nicht durcheinander pflanzen, denn häufige Bodenbearbeitung beschädigt die Wurzeln der mehrjährigen. Du kannst deine Beet-Fläche aber natürlich in zwei Hälften teilen!

Yummie: Beerenbeet

Zwerghimbeeren und Kulturheidelbeeren kannst du über mehrere Jahre auf dem Hochbeet anbauen. DER „Hochbeet-Klassiker“ für alle Leckermäuler, die süße Früchte nicht mühsam in gebückter Haltung pflücken wollen, sind allerdings Erdbeeren.

Hast du zum Beispiel schon mal Hänge-, Wald- oder Monatserdbeeren probiert?

Blühendes Staudenbeet

Mehrjährige Blütenstauden wie Primel, Storchschnabel, Aster, Sonnenhut und andere verwandeln je nach ihrer Blütezeit ein Hochbeet von Frühjahr bis Herbst in ein buntes Blütenmeer. Passt du die Beet-Füllung an die Bedürfnisse der Arten an, macht eine solche Bepflanzung nicht nur viel Freude, sondern auch noch wenig Arbeit.

Plane dein Traumbeet:

WÜNSCH DIR WAS!

Ein Hochbeet ist auch super anzuschauen: Lass dich in Katalogen, auf Instagram, Pinterest & Co. oder in Nachbargärten inspirieren und sammle Fotos von Hochbeeten, die dir in deinem Garten gefallen würden.

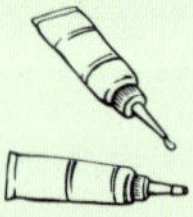

Kleb ein, was dir gefällt!

VIELE IDEEN, ABER KEIN PLAN?

Ich habe ... → einen Garten

Ich habe ... → einen Balkon

einen Balkon → Kistenbeet, Tischhochbeet

einen Garten → Kistenbeet, Tischhochbeet, Kastenhochbeet, Kräuterspirale, Hügelbeet

Kistenbeet, Tischhochbeet → Nimm, was du hast oder kauf was Schönes!

Kräuterspirale, Hügelbeet →

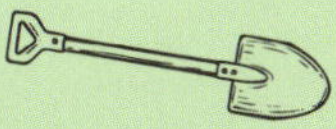

Kastenhochbeet →

- Ich bin handwerklich geschickt und habe die passenden Werkzeuge. → Einkaufsliste und Bauanleitung findest du auf den Seiten 20–21.
- Ich bin handwerklich geschickt, habe aber nicht die passenden Werkzeuge. → Ich kann mir Werkzeug ausleihen.
  - Ja → Einkaufsliste und Bauanleitung findest du auf den Seiten 20–21.
  - Nein → Lass die Hände besser in den Hosentaschen und lass die Profis ran. → Eine Bauanleitung findest du auf den Seiten 22–25.
- Ich habe zwar die passenden Werkzeuge, aber zwei linke Hände. → Lass die Hände besser in den Hosentaschen und lass die Profis ran. → Eine Bauanleitung findest du auf den Seiten 22–25.
- Mir fehlen die passenden Werkzeuge und ich habe zwei linke Hände. → Lass die Hände besser in den Hosentaschen und lass die Profis ran. → Eine Bauanleitung findest du auf den Seiten 22–25.

Einkaufsliste und Bauanleitung findest du auf den Seiten 20–21. → Verstehe ich nicht! → Kauf dir einen Fertigbausatz! → Check!

Einkaufsliste und Bauanleitung findest du auf den Seiten 20–21. → Check!

Lass die Hände besser in den Hosentaschen und lass die Profis ran. → Eine Bauanleitung findest du auf den Seiten 22–25. → Check!

Der richtige Standort

Welche Licht- und Wärmeverhältnisse richtig sind, hängt letzten Endes vom Hochbeet-Typ und von den Pflanzen ab, die du darin anbauen willst. Der zur Verfügung stehende Platz, der optische Gesamteindruck, die Zugänglichkeit und die Wasserversorgung sind weitere Faktoren, die du bei der Standortwahl bedenken solltest.

Der Untergrund

Du solltest dein Beet auf unversiegeltem Boden errichten, damit dich später die Bodenlebewesen mit ihrer Arbeit unterstützen können. Außerdem sollte die Grundfläche eben sein – Hochbeete in Hanglagen sind möglich, erfordern aber zusätzliche Vorbereitung! Wenn du nicht sicher bist, ob der Boden, auf dem du dein Hochbeet aufstellen willst, mit schädlichen Substanzen kontaminiert ist, dann verwende lieber ein Modell ohne Bodenschluss wie eine Kiste oder Wanne.

TIPP

Leg vorab einen Gartenplan an und zeichne dein Hochbeet ein – so bekommst du eine Vorstellung, wie gut es sich in den restlichen Garten einfügt. Oder markiere den Umriss deines Hochbeets am gewählten Standort mit Stöcken.

Wenn du dein Hochbeet gemeinsam mit jüngeren Kindern nutzen willst, achte auf die passende Höhe!

Der Weg zum Hochbeet

Dein Beet sollte leicht zugänglich sein und bereits vorhandene Pflanzen nicht bedrängen. Ist der Zugang nur von einer Seite möglich, darf dein Hochbeet nicht zu breit sein, sonst wird es sehr mühsam, die gegenüberliegende Pflanzfläche zu erreichen.

Licht und Wärme

Bedenke bei der Wahl des Standorts den Lauf der Sonne während des ganzen Gartenjahrs und auch den Schattenwurf von im Winter (wenn du deinen Plan vielleicht machst) unbelaubten Gehölzen im Sommerhalbjahr.

Eine südexponierte Wand zum Beispiel ist für Tomaten oder mediterrane Kräuter ideal. Schatten hingegen lieben zum Beispiel Rote Bete, Salate, Kohlrabi, Spinat, Petersilie und Schnittlauch.

Ausreichend Wasser

In warmen und sonnenreichen Sommern müssen gerade neu angelegte Hochbeete aufgrund der Drainagewirkung reichlich gegossen werden. Plane daher auch die Wasserversorgung von vornherein mit, um unnötiges Wasserschleppen zu vermeiden.

WO SOLL'S SEIN?

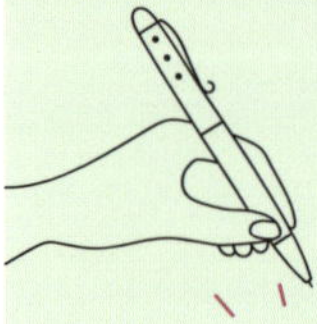

Hake ab!

- [ ] passender Untergrund
- [ ] Sonne
- [ ] leichter Zugang
- [ ] nahe Wasserquelle

Diese Seite als Download:

Welche Pflanzen Sonne und welche Schatten lieben, erfährst du auf den Seiten 68–95.

TIPP

Beobachte mit deinem Plan den Lauf der Sonne und die Licht-/Schattenverhältnisse, wo du dein Hochbeet geplant hast!

Ein guter Zugang, kurze Wege beim Gießen, ein ebener Untergrund, passende Lichtverhältnisse – und gut ausschauen soll's auch noch!

Zeichne deinen Garten mit Bäumen, Beeten, Kompost & Co., die schon vorhanden sind. Trage dann das Beet ein, wo es dir gut gefallen würde.

Der Grundaufbau

Für ein klassisches Hochbeet brauchst du zwei Dinge: den stützenden Rahmen und die zu bepflanzende Füllung. Das Besorgen beider „Zutaten“ dauert gerade bei Eigenbau und Selbstherstellung einige Zeit. Also, vor dem Bepflanzen und den ersten Aussaaten ist einiges zu tun! Bevor du dich fürs Selberbauen entscheidest, solltest du deine handwerklichen Fähigkeiten aber realistisch einschätzen.

Du hast zwei linke Hände oder nicht viel Werkzeug? Es gibt Hochbeete auch als Bausatz zu kaufen.

Das Baumaterial

Wenn du ein klassisches Kastenhochbeet mit Holzumrandung bauen willst, empfehlen wir dir 4 cm starke Kieferbohlen – die sind kostengünstig und robust. Als Handlauf obendrauf eignet sich Lärchenholz prima. Wenn du es leicht überstehend aufbringst, bietet es den Kieferbohlen einen super Witterungsschutz. In gut sortierten Baumärkten oder Holzhandlungen kannst du dir deine Bauteile auf das gewünschte Grundmaß zuschneiden lassen, wenn du nicht gerade selber eine Kreissäge hast.
Um die Haltbarkeit des Holzrahmens zu verlängern, solltest du ihn auf der Innenseite mit genoppter Drainagefolie auskleiden: mit den Noppen zur Holzseite hin.
Bei Rahmen aus Metall oder Stein dürfte sich der eigene Zuschnitt mangels technischer Voraussetzungen ohnehin erübrigen; da müssen Profis ran, oder du kaufst gleich passende Bauteile.

Hierdurch erhöht sich die Haltbarkeit deines Hochbeets auf ca. 10 Jahre!

TIPP

Wenn du im Winter eine gekaufte Abdeckung verwenden willst, kannst du die Maße deines Hochbeet-Rahmens gleich von Beginn danach planen.

DEINE EINKAUFSLISTE

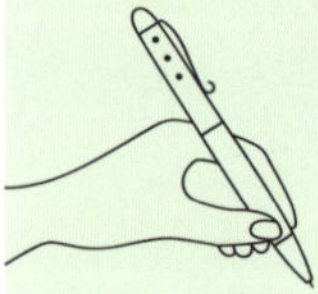

Hake ab, was du schon hast!

Das brauchst du für ein klassisches Kastenhochbeet mit Holzumrandung:

Für die Basis:

- ☐ Kies, Schotter oder alte Pflastersteine (→ so viel, wie du zum Einebnen deiner Grundfläche und für eine Drainage brauchst)
- ☐ 2 m² Drahtgitter, verzinkt

Nicht notwendig auf Asphalt oder geschlossener Steinfläche.

TIPP

Mache vorab einen Probeaufbau deines Hochbeet-Rahmens auf einer ebenen und gut zugänglichen Fläche und bringe die Bohrungen an, teste die Verschraubungen und checke die Holzlängen. Auch wenn du mit einem gekauften Hochbeet-Bausatz arbeitest, lohnt sich eine solche Grundmontage, denn vielleicht fehlen Bohrungen oder Schrauben, oder der Bauplan ist doch nicht so einfach zu durchschauen wie anfangs gedacht oder angepriesen?

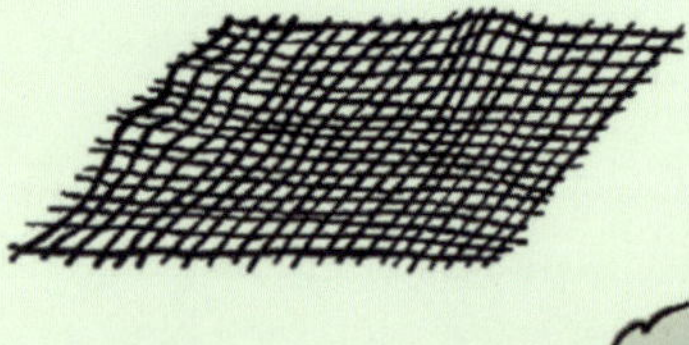

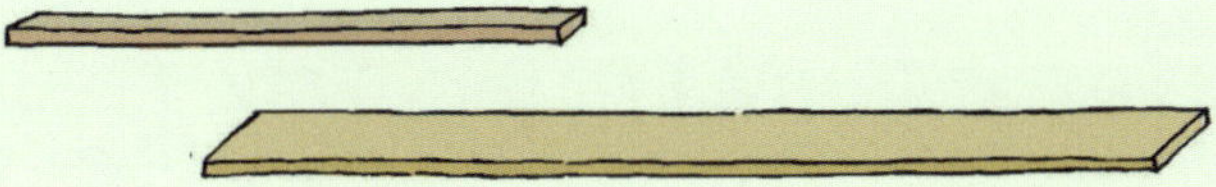

Diese Seite als Download:

Für den Rahmen:

- ▢ 6 Holzbohlen (193 x 30 x 4,5 cm)
- ▢ 6 Holzbohlen (100 x 30 x 4,5 cm)
- ▢ 4 Pfosten (84 x 6 x 6 cm), oben 10 Grad angeschrägt
- ▢ 2 Lärchenbretter (189 x 10 x 2 cm)
- ▢ 2 Lärchenbretter (97 x 10 x 2 cm)
- ▢ 24 Schlossschrauben M 8 (12 cm lang)
- ▢ 24 Muttern M8
- ▢ 48 Schlüsselschrauben (8 cm lang)
- ▢ 96 Unterlegscheiben
- ▢ 24 Schrauben (min. 5 cm lang)
- ▢ 6 m^2 Noppenfolie

Das Anschrägen ist kein „Muss“, aber Regenwasser kann so schneller von den Eckpfosten ablaufen, das Holz trocknet schneller – und hält länger!

Werkzeug:

- ▢ Akkuschrauber mit Aufsätzen
- ▢ Schraubenschlüssel
- ▢ Schere
- ▢ Tacker

TIPP

Hol dir zur ersten Orientierung in einem gut sortierten Bau- oder Gartenmarkt, in Katalogen verschiedener Anbieter oder online Anregungen. Schau dir dein Wunschmodell am besten vor Ort an, um auch einen haptischen Eindruck zu gewinnen; schließlich begleitet dich dein Hochbeet längere Zeit. Inspiration kannst du dir aber auch in Botanischen Gärten, in Schaugärten von Obst- und Gartenbauvereinen, allgemein in der Gärtnerei oder vielleicht auch beim netten Nachbarn holen.

DEIN HOCHBEET-BAUPROJEKT

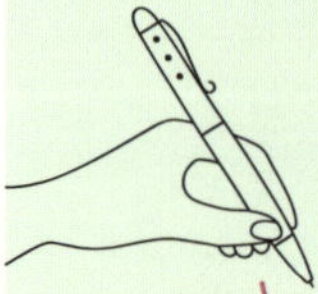

Hake ab, was du erledigt hast!

Hier zeigen wir dir, wie du ein Kastenhochbeet von 2 m Länge und 1 m Breite baust:

Den Untergrund vorbereiten

- [ ] Zunächst musst du den Bereich, auf dem dein Hochbeet später stehen soll, vorbereiten: Entferne den Bewuchs und ebne die Fläche mit Kies oder Schotter ein.
- [ ] Um das Holz vor Dauernässe zu schützen, solltest du auf der eingeebneten Fläche eine Drainageschicht aufbringen. Dazu legst du entweder der Grundform deines Beet-Rahmens entsprechend Pflastersteine auf das ebene Erdreich, oder du verwendest auch hierfür Kies oder Bruchsteinschotter. Denke aber bitte daran, dass sich Kies oder Schotter gerade bei lockerem Boden stark setzen. Deine Schicht muss also mindestens 10–15 cm dick sein.
- [ ] Lege auf genau der Fläche, die dein Hochbeet einnehmen soll, das verzinkte Drahtgitter als Wühlmausschutz aus.

Letzte Chance zu überdenken, ob du die richtige Standortwahl getroffen hast. Passen Größe, Ausrichtung, Lichtverhältnisse?

So kann das Holz nach Regen immer wieder trocknen: durch diesen konstruktiven Holzschutz verlängerst du die Lebensdauer deines Beets!

TIPP

Wenn du Pflastersteine als Beet-Rahmen verwendet hast oder dein Beet auf einer geschlossenen Asphaltschicht steht, kannst du das Holz durch Abstandshalter aus Schrauben an der Unterseite des Rahmens zusätzlich schützen: Schraube dafür 60 mm lange Schrauben im Abstand von ca. 20 cm umlaufend 30 mm tief in die Unterseite.

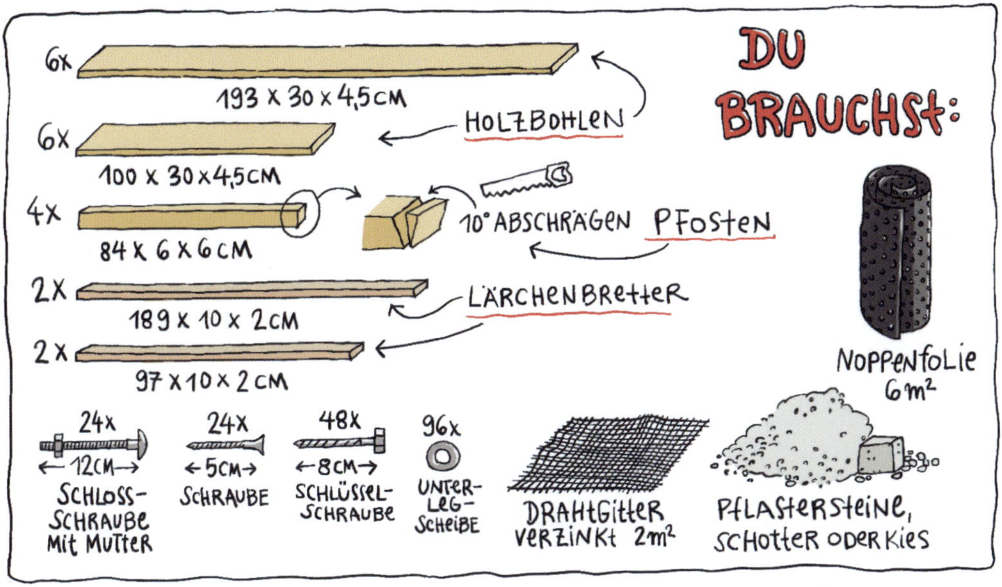
DU BRAUCHST:
6x
193 x 30 x 4,5 CM
HOLZBOHLEN
6x
100 x 30 x 4,5 CM
4x
84 x 6 x 6 CM
10° ABSCHRÄGEN
PFOSTEN
2x
189 x 10 x 2 CM
LÄRCHENBRETTER
2x
97 x 10 x 2 CM
NOPPENFOLIE 6m²
24x
12CM
SCHLOSS-SCHRAUBE MIT MUTTER
24x
5CM
SCHRAUBE
48x
8CM
SCHLÜSSEL-SCHRAUBE
96x
UNTER-LEG-SCHEIBE
DRAHTGITTER VERZINKT 2m²
PFLASTERSTEINE, SCHOTTER ODER KIES

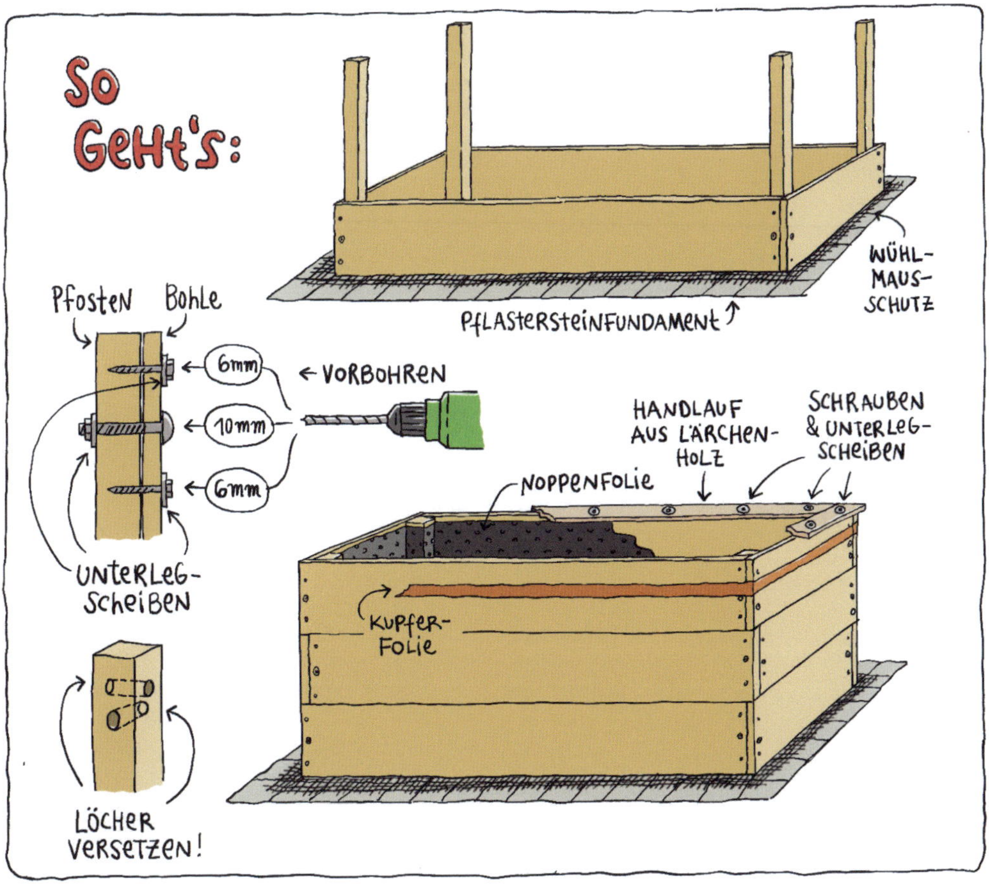
SO GEHT'S:
WÜHL-MAUS-SCHUTZ
PFLASTERSTEINFUNDAMENT
Pfosten
Bohle
6mm
10mm
6mm
VORBOHREN
UNTERLEG-SCHEIBEN
HANDLAUF AUS LÄRCHEN-HOLZ
SCHRAUBEN & UNTERLEG-SCHEIBEN
NOPPENFOLIE
KUPFER-FOLIE
LÖCHER VERSETZEN!

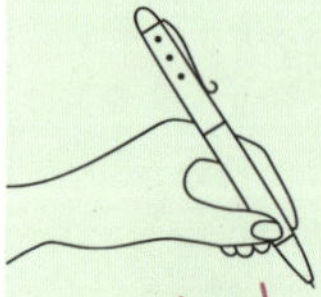

Hake ab, was du geschafft hast!

Bohrungen und Probeaufbau

- ☐ Sie dir zuerst die Zeichnung des aufgebauten Hochbeets genau an.
- ☐ Bohre für die M8-Schlossschrauben 10-mm-Löcher in die Bohlen und Pfosten (in jedem Brett-Ende jeweils das mittlere Loch → Zeichnung!). So haben die Schrauben gutes Spiel und die einzelnen Teile können leichter zusammenbaut werden.
- ☐ Verbinde Bohlen und Pfosten mit den Schlossschrauben miteinander.
- ☐ Bohre die Löcher für die vier Schlüsselschrauben pro Bohle (jeweils über und unter der Schlossschraube an einem Brett-Ende) 6 mm dick bis zur Hälfte in den Pfosten.
- ☐ Markiere die Bohlen und die dazugehörigen Pfosten beim Probeaufbau, damit später klar ist, welche Bohle wohin gehört.

So ersparst du dir später mehrfaches Abmessen und Anzeichnen.

TIPP

Bringe die Bohrungen in den Pfosten so an, dass diese später keinen direkten Bodenkontakt haben, sondern etwas Abstand dazu haben. Das gelingt dir, indem du entsprechend dicke Brettchen unter die Pfosten legst, bevor du mit den Bohrungen beginnst.

TIPP

Am besten markierst du jede Bohle und jeden Pfosten gleich zweifach: mit einer Nummer und dem Kürzel der Himmelsrichtung, in die sie später zeigen sollen.

Diese Markierungen habe ich beim Probeaufbau gewählt:

____

____

____

____

____

____

____

____

Der Endaufbau

- [ ] Lege die ersten vier Bohlen (zwei kurze und zwei lange) passend auf den Unterbau; dadurch wird gleichzeitig der Wühlmausschutz fixiert.
- [ ] Stelle die Pfosten in die Ecken und fixiere sie mit den Schlossschrauben; eine zweite Person sollte sie jeweils festhalten, damit sie nicht umfallen. Ziehe die Muttern nur handfest an; so kannst du die Ausrichtung bei Bedarf später noch korrigieren.
- [ ] Lege die zweite und dritte Bohlenlage überlappend wie bei einem Blockhaus auf (→ Zeichnung!) und fixiere sie ebenso.
- [ ] Richte dein Hochbeet exakt aus.
- [ ] Ziehe die Muttern fest.
- [ ] Bringe die Schlüsselschrauben an.
- [ ] Kleide die Innenseite der Wände mit Noppenfolie aus. Schneide die Folie in den Ecken mit einer Schere oben etwas ein. So kannst du sie dort leichter knicken und die Folie überlappend festtackern. Leichte Beulen und Luftspalten sind – gerade im unteren Bereich – kein Problem.
- [ ] Abschließend bringst du auf der obersten Bohle noch deine Lärchenhölzer als Handlauf an, und zwar so, dass es auf beiden Seiten leicht über die Bohlen hinaussteht: Säge die Bretter zurecht und befestige sie mit Schrauben im Abstand von etwa 25 Zentimeter an der obersten Bohle.

Packe je eine Unterlegscheibe unter jede Schraube!

Sie ziehen sich mit ihrem Gewinde ins Holz und sorgen so für zusätzliche Stabilität.

Wenn du dein Hochbeet später füllst, wird die Folie nach außen an die Holzbohlen gedrückt und Beulen und Luftspalten verschwinden.

Lärchenholz hat eine längere Haltbarkeit als beispielsweise Kiefernholz, daher eignet es sich super für Bauteile, die permanent der Witterung ausgesetzt sind. Durch den leichten Überstand gibt der Handlauf auch den empfindlicheren Seitenwänden einen gewissen Witterungsschutz.

TIPP

Der Zusammenbau des vorbereiteten Hochbeet-Rahmens geht am besten zu zweit.

Die Füllung

Video zu Aufbau & Füllung:

TIPP

Wenn du ein Kräuterbeet anlegen willst, eignen sich Schotter, Kies und Sand als Deckschicht gut.

Es macht zwar Arbeit und braucht Zeit, aber alles aus dem eigenen Garten und mit eigener Kraft geschaffen zu haben, gibt eine immense Befriedigung – und es spart Ressourcen und Geld. Wer mit den Vorbereitungen rechtzeitig anfängt, vermeidet, dass er alles auf einmal erledigen muss.

Der Rahmen steht, und es geht ans Befüllen! Für deine Schichten kannst du entweder im Fachhandel entsprechende Mischungen kaufen, oder du nutzt Gehölz- und Grasschnitt, Kompost oder Laub. Ein Hochbeet schluckt viel Material. Wenn du es aus dem eigenen Garten gewinnen willst, brauchst du daher viel Zeit und Muskelkraft.

Das Füllmaterial

Das Innenleben deines Hochbeets muss den Bedürfnissen der Pflanzen angepasst sein. Spätestens bevor du dich für eine Deckschicht entscheidest, solltest du festlegen, was du anbauen willst. Die Schichten darunter kannst du aber sofort angehen:
Hier kommt alles Mögliche infrage, was dein Garten hergibt. Fällt im Herbst Gehölzschnitt an, kannst du diesen zerkleinern und als unterste Schicht nutzen. Für die weitere Befüllung brauchst du neben grobem und feinerem Holzmaterial reichlich frischen und reifen Kompost.
Wenn du eigenen Kompost nimmst, dann verwende als letzte Deckschicht gekaufte Pflanz- oder Aussaaterde, damit in der Pflanzfläche keine unerwünschten Beikräuter aufgehen. Gekaufter Kompost hingegen wurde so stark erhitzt, dass die meisten darin enthaltenen Samen nicht mehr keimfähig sind.

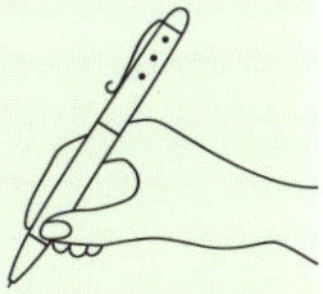

DEINE FÜLLMATERIAL-CHECKLISTE

Hake ab, was du hast!

Das brauchst du für die Füllung:

- ☐ Gehölzschnitt (grob, mittel und fein): möglichst von Laubgehölzen
- ☐ Laub und Grasschnitt
- ☐ Kompost (jung und reif)
  → reifer Kompost ist gut ein Jahr alt; in einem Komposter reichen schon sechs Monate.
- ☐ Humus oder Pflanzerde (beikrautsamenfrei)

- grob = so dick wie dein Unterarm
- mittel = so dick wie dein Daumen
- fein = so dick wie ein Finger, ein Bleistift und dünner

Sonderformen: Für ein Kräuterbeet für mediterrane Pflanzen solltest du Schotter, Kies oder Sand bzw. Kies/Bruchstein als Drainage in die Füllung einarbeiten. Für feuchtigkeitsliebende Pflanzen kannst du Lehm untermischen, um den Wasserabfluss zu minimieren.

TIPP

Berechne das Volumen deines Hochbeets und plane je mit einem Drittel Gehölz-/Laub-/Grasschnitt, Kompost und Humus-/Pflanzerde. Für das Hochbeet von den Seiten 20–25 z. B. brauchst du insgesamt 3,6 m³ Füllmaterial, also jeweils 1,2 m³.

TIPP

Nicht verwenden solltest du lange krumme und dicke Äste; sie können nur schlecht eng geschichtet werden und es bilden sich unnötige Hohlräume. Also besser klein schneiden!

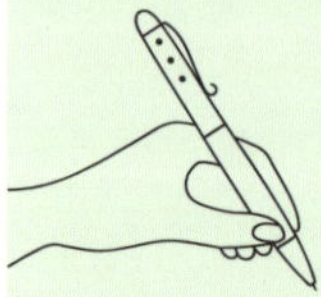

DEINE FÜLLANLEITUNG

Hake ab, was du erledigt hast!

Hier zeigen wir dir, wie du dein Kastenhochbeet füllst:

- [ ] Lege zuunterst groben Gehölzschnitt in dein Hochbeet.
- [ ] Gib feineren Staudenschnitt oder Holzhäcksel, Falllaub oder Grasschnitt darauf.
- [ ] Fülle halbreifen Kompost ein, darauf reifen Kompost oder Mutterboden.
- [ ] Gib (zumindest für ein „normales" Gemüsebeet) zum Schluss eine 5 cm dicke Schicht Pflanzerde auf deine Füllung, damit keine unerwünschten Beikräuter durchwachsen.
- [ ] Da Holz und Kompost im Laufe der Zeit verrotten, wird deine Hochbeet-Füllung mit der Zeit stark absinken. Verdichte sie deshalb möglichst gut – spring am besten gezielt drauf! Im zweiten und dritten Standjahr muss aber trotz aller Trampolinübungen Erde nachgefüllt werden.
- [ ] Wenn du im nächsten Jahr Erde auffüllen musst, dann schütte entweder einfach Pflanzerde oder Humus obendrauf, bis das alte Niveau wieder erreicht ist, oder grabe die obere Schicht der Füllung bis zur Gehölzschicht ab, lege unten erneut grobes und feineres Schnittgut und reifen Kompost hinein und bedecke es wieder mit dem Aushub. Mit dieser zweiten Methode bekommt dein Hochbeet neue Nährstoffe aus dem Verrottungsprozess.

TIPP

Wenn du genügsame Pflanzen wie Buschbohnen, Salat oder Kräuter und keine Starkzehrer wie Tomate, Kürbis oder Rosenkohl anbauen willst, berücksichtige das bei der Füllung: Verwende von den nährstoffreichen Bestandteilen wie reifem Kompost weniger!

!

Bis auf die Deckschicht sollten alle Schichten ungefähr gleich stark sein.

TIPP

Das Absinken der Hochbeet-Füllung ist nicht immer ein Nachteil. Wenn du es dann mit einer einfachen Doppelstegplatte abdeckst, kannst du es hervorragend als Winter- oder Frühbeet nutzen (⟶ Seiten 96–99)! Bis zum nächsten Auffüllen verlängert sich so die Anbauzeit.

CHECK DIE OBERSTE SCHICHT!

Blättere zurück auf deine Liste der Pflanzen, die du schon immer mal selber anbauen wolltest (Seiten 12–13). Sortiere sie hier nach ihren Ansprüchen. Die Infos dazu findest du auf den Seiten 56–57.

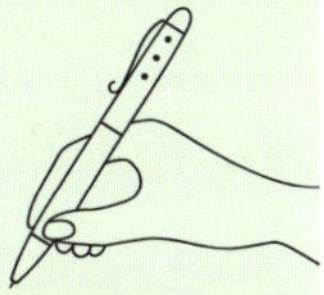

Trage ein!

genügsame Pflanzen	Starkzehrer

Lästige Mitesser: Schnecken

Leider finden Schnecken immer ein Schlupfloch. Keine Methode erspart es dir, dein Beet gelegentlich gründlich nach ihnen abzusuchen.

Wer kennt das nicht: Gerade hast du die ersten Pflänzchen in dein Beet gesetzt – schon sind sie am nächsten Morgen zerfressen oder ganz verschwunden; die Schneckenplage hat zugeschlagen! Gerade Nacktschnecken können mehr als nur lästig werden. Zwar können wir keinen absoluten Schutz versprechen, aber einige Tipps haben wir doch!

Kupferband

An einem Hochbeet mit glatten Außenseiten kannst du selbstklebendes Kupferband aus dem Fachhandel anbringen (es sollte 3–5 cm breit sein): Klebe es unterhalb des Handlaufs ringsum auf den Beet-Rahmen. Schnecken überkriechen es aufgrund der elektrochemischen Effekte nicht. Jetzt musst du nur noch aufpassen, dass keine Pflanzenbrücken entstehen.

Schneckenkragen

Für einzelne Pflanzen empfehlen wir Schneckenkrägen. Diese setzt du über die Pflanzen; sie halten durch ihren gekrümmten Rand die meisten Schnecken fern. Gib acht, dass andere Pflanzen keine Brücken über den Kragenrand bilden!

Leider sind Schnecken nicht die einzige Gefahr für deine Pflanzen – aber zumindest eine, die du schon beim Hochbeet-Bau bedenken kannst (Kupferband!). Für weitere „Gefahren" blättere auf die Seiten 124–127.

Mulchen

Durch Mulchen mit trockenem Stroh kannst du die Schäden durch Schnecken zumindest minimieren. Die Tiere kriechen nämlich nicht gerne über den piekenden, trockenen Untergrund. Wenn du deine Pflanzen dann auch noch am Vormittag gießt, ist das Stroh bis zur aktiven Zeit der Schnecken wieder trocken.

Gleichzeitig schützt Stroh den Boden vor dem Austrocknen.

Tigerschnegel

Tigerschnegel sind zwar ebenfalls Nacktschnecken – aber sie gehören zu den „Guten“! Sie mögen nämlich Pilze, Aas und welke Pflanzen, rücken deinen frischen, gesunden Jungpflänzchen also nicht auf die Pelle. Ausgewachsene Tigerschnegel verhalten sich noch dazu territorial: Sie vertreiben andere Nacktschnecken und fressen deren Eier.

TIPP

Wenn deine Pflanzen schon angeknabbert wurden, kannst du sie mit Brennnesseljauche stärken. Das Gute ist: Pflanzen entwickeln, wenn sie angeknabbert wurden, mit der Zeit Abwehrstoffe, die den Schnecken nicht schmecken.

D

Nützling!

E

C

Frisst hauptsächlich abgestorbene Pflanzenteile, vernichtet keinen Salat!

A

B

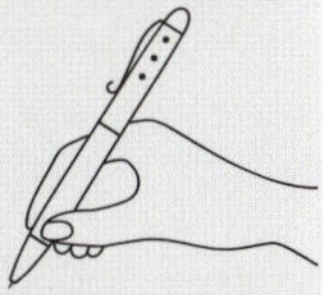

Kombiniere, was zusammengehört! Die Auflösung findest du auf Seite 140.

- [ ] Ackerschnecke
- [ ] Spanische Wegschnecke
- [ ] Weinbergschnecke
- [ ] Tigerschnegel
- [ ] Schnirkelschnecke

LEVEL 2

PLANEN, anbauen & PFLEGEN

Steht dein Hochbeet fertig im Garten und muss nur noch bepflanzt werden? Dann hast du Level 2 erreicht! Zwar gilt auch beim Gärtnern der Grundsatz: „learning by doing" – aber ein guter Plan vorab ist wichtig!

Wir schauen uns gemeinsam das Hochbeet-Jahr an und zeigen dir, was in den einzelnen Monaten so passiert. Außerdem geht's jetzt darum, wie du dein Hochbeet pflegen solltest, damit dein Gemüse gut wächst und reiche Ernte liefert.

In der Praxis hast du drei Möglichkeiten: Entweder du orientierst dich an unserem Jahresplan (⟶ Seiten 34–39) oder an unseren konkreten Beet-Vorschlägen (⟶ Seiten 68–92) – oder du planst ganz frei.

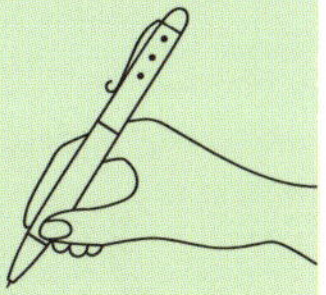

Kreuze die Kästchen an, wenn Du das Thema gelesen hast...

INHALT	SEITE	GECHECKT
Check, was **übers Jahr ansteht**	34	☐
Check das **Winter-Special**	50	☐
Check die **guten & schlechten Nachbarn**	54	☐
Check das **Vorziehen**	58	☐
Check das **Ins-Beet-Säen**	62	☐
Check die **Starkzehrer**	63	☐
Check die **Beet-Pläne**	68	☐
Check das **Gießen**	100	☐
Check die **Pflegemaßnahmen**	104	☐
Check die **Nützlinge & Schädlinge**	120	☐

Frühling: Was ist zu tun?

Noch herrschen eher kühle Temperaturen, aber wenn die Sonne langsam an Kraft gewinnt, erwacht die Natur allmählich aus ihrem Winterschlaf, die Frühblüher zeigen zaghaftes Grün und erste Blüten: Spätestens jetzt fällt auch für Gärtner und Gärtnerinnen der Startschuss in die nächste Hochbeet-Saison!

Das Beet vorbereiten

Im März kannst du dein Beet, wenn es im Winter „leer" stand, auf die neue Saison vorbereiten: Lockere die oberste Substratschicht, entferne evtl. alte Pflanzenreste und arbeite bei Bedarf Kompost ein. Hast du eine Abdeckung für dein Beet, lege sie jetzt schon auf, damit sich der Boden erwärmt. Sobald die Temperaturen über −5 °C liegen, kannst du mit dem Bestücken deines Hochbeets beginnen.

Das Substrat im Beet sollte vor dem ersten Säen und Pflanzen allerdings nicht zu stark aufgelockert sein, sonst haben die Sämlinge und Jungpflanzen zu wenig Bodenanschluss und bekommen kein Wasser. Ziehe die Erde im Beet am besten mit einem Handrechen glatt, bevor du loslegst.

TIPP

Wenn du keine feste Beet-Abdeckung hast und trotzdem schon starten willst, dann verwende auf jeden Fall ein Kälteschutzvlies fürs Hochbeet.

Erste Aussaaten im Beet

Für die erste Aussaat im Jahr eignen sich Radieschen, Rucola, Zuckerschoten, Spinat (Frühsorten) oder Asia-Salat prima. An milden Tagen darfst du die Abdeckung ruhig öffnen; nachts und bei niedrigen Temperaturen musst du sie geschlossen halten.

Im Beet ausgesäte und dort gewachsene Pflanzen sind meist kräftiger als die, die du vorgezogen und als Jungpflanzen gesetzt hast.

TIPP

Bist du unsicher, ob dein altes Saatgut noch keimfähig ist? Dann mache folgenden Test: Lege einzelne Samen auf feuchtes Haushaltspapier an einen warmen Ort. Keimen mehr als 50 %, lohnt sich die weitere Verwendung; ansonsten solltest du besser neues Saatgut bestellen oder kaufen.

Schreitet das Frühjahr voran, kannst du im April auch Lauch, Kopfsalat, Rote Bete, Kohlrabi, Löffelkraut, Petersilie und schließlich im Mai Knollenfenchel, Gurke, Buschbohne und Grünkohl aussähen.

Wichtig ist beim Einpflanzen: Setze die Pflanzballen nicht zu tief in die Erde!

Jungpflanzen setzen

Für eine frühe Pflanzung ab März eignen sich robuste Jungpflanzen von Kohlrabi und Pflücksalaten – sie lassen sich selbst von Minustemperaturen oder Schnee kaum beeindrucken. Harter Spätfrost kann aber auch ihnen zusetzen! Jetzt steckst du am besten auch deine Zwiebeln.

Etwas später, im April, kannst du Lauch, Rosenkohl, Knollenfenchel, Asia-Salat setzen. Bei Lauch musst du etwas Erde anhäufeln und solltest Netze gegen die Lauchmotte und die Kohl- bzw. Zwiebelfliege darüberbreiten. Diese lässt du einfach bis zur Ernte drauf.
Ab Mai (nach den Eisheiligen) folgen Mexikanische Mini-Gurke, Hokkaido-Kürbis, Rote Bete, Zucchini, Tomaten, Gurke und Buschbohne. Bei deinen Tomatenpflanzen musst du Stäbe, Schnüre und einen Regenschutz anbringen.

TIPP

Hokkaido-Kürbis, Gurke und Zucchini solltest du unbedingt vor Schnecken und Kälte schützen.

Gemüse vorziehen

Hast du ein warmes, helles Fensterbrett, lassen sich dort super einige Gemüsearten vorziehen – beginne damit spätestens im März! Geeignete Kandidaten sind Lauch, Mexikanische Mini-Gurke, Tomate, Tomatillo und Knollenfenchel. Im April folgen Hokkaido-Kürbis, Gurke, Zucchini, Buschbohne und Rosenkohl, und im Mai der Grünkohl.
Sobald sich die Jungpflanzen in den Saatschalen gegenseitig bedrängen und ein bis zwei „richtige" Blattpaare entwickelt haben, solltest du sie vereinzeln: Hebe sie samt ihren Wurzeln vorsichtig aus der Erde und setze sie einzeln in größere Behältnisse. Von dort ziehen sie dann ab Mitte/Ende Mai ins Hochbeet um.

Für weitere Infos zu den einzelnen Themen:

Beet-Abdeckung
→ Seiten 50–51

Ins-Beet-Säen
→ Seite 62

Vorziehen
→ Seiten 58–61

Rankhilfen
→ Seiten 106–107

Gießen
→ Seiten 100–103

Weitere Pflegearbeiten im Frühling

Im Mai, wenn deine Zuckerschoten schon ein bisschen gewachsen sind, brauchen sie allmählich eine Rankhilfe.
Und nicht zu vergessen ist natürlich das Gießen!

Das möchte ich im Frühling tun:

ERLEDIGE DEINE TO-DOS

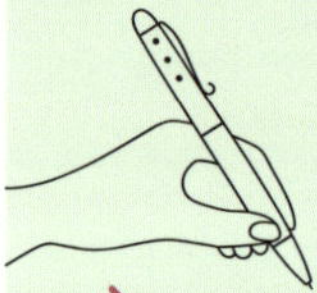

Markiere farbig, was du anbauen willst, und hake ab, wenn du etwas erledigt hast!

Bring ggf. Netze gegen die Lauchmotte und die Kohl-/Zwiebelfliege an und lass sie bis zur Ernte auf deinem Beet.

Diese Seite als Download:

Lass diesen Kalender dein Begleiter durchs Frühjahr sein!

Frühling	Aussäen
März	☐ Asia-Salat ☐ Radieschen ☐ Rucola ☐ Spinat (Frühsorten) ☐ Zuckerschoten
April 	☐ Asia-Salat ☐ Kohlrabi ☐ Kopfsalat ☐ Lauch ☐ Löffelkraut ☐ Petersilie ☐ Radieschen ☐ Rote Bete ☐ Rucola ☐ Spinat (Frühsorten) ☐ Zuckerschoten
Mai	☐ Buschbohne ☐ Grünkohl ☐ Gurke ☐ Knollenfenchel ☐ Löffelkraut ☐ Petersilie ☐ Radieschen ☐ Rote Bete ☐ Rucola ☐ Zuckerschoten (Rankhilfe!)

Vorziehen & Säen:
Bei manchen Gemüsen kannst du dich entscheiden, ob du deine Pflänzchen lieber auf der Fensterbank vorziehen und später in dein Hochbeet einpflanzen oder aber direkt in dein Hochbeet säen willst.

Vorziehen	Pflanzen
☐ Knollenfenchel ☐ Lauch ☐ Mexikanische Mini-Gurke ☐ Tomate (Pikieren nicht vergessen!) ☐ Tomatillo	☐ Kohlrabi ☐ Pflücksalat ☐ Zwiebeln stecken
☐ Buschbohne ☐ Gurke (Pikieren nicht vergessen!) ☐ Hokkaido-Kürbis ☐ Knollenfenchel ☐ Lauch (anhäufeln!) ☐ Rosenkohl ☐ Zucchini	☐ Asia-Salat ☐ Knollenfenchel ☐ Kohlrabi (Pikieren nicht vergessen!) ☐ Lauch (anhäufeln!) ☐ Pflücksalat ☐ Rosenkohl (Pikieren nicht vergessen!) ☐ Zwiebeln stecken
☐ Grünkohl ☐ Lauch 	☐ Asia-Salat ☐ Buschbohne ☐ Gurke (Schnecken- und Kälteschutz!) ☐ Hokkaido-Kürbis (Schnecken- und Kälteschutz!) ☐ Knollenfenchel ☐ Kohlrabi ☐ Lauch ☐ Mexikanische Mini-Gurke ☐ Pflücksalat ☐ Rosenkohl ☐ Rote Bete ☐ Tomaten (Stäbe/Schnüre, Regenschutz!) ☐ Zucchini (Schnecken- und Kälteschutz!)

Sommer: Was ist zu tun?

TIPP

Vor allem Tomaten reagieren empfindlich, wenn beim Gießen Blätter und Triebe nass werden – nicht selten bekommen sie dann einen Pilz. Gieße das Wasser immer auf die Erde am Wurzelansatz und nicht auf Blätter und Triebe, dann bleiben deine Pflanzen gesund.

Endlich ernten, was du gesät, gepflanzt und ausdauernd gepflegt hast! Wenn das Wetter mitgespielt hat, trägt deine Arbeit jetzt reiche Früchte. Doch einiges an Pflege solltest du deinen Hochbeet-Bewohnern schon noch angedeihen lassen – allem voran: gießen, gießen, gießen!

Wasser marsch!

Ein Hochbeet ist aufgrund seiner Schichtung im Inneren ein Wasserschlucker, und zusätzlich verlangen hohe Temperaturen den Pflanzen einiges ab. Vergiss also nicht, ausreichend zu gießen – am besten morgens oder vormittags – oder installiere ein Bewässerungssystem (→ Seiten 100–103).
Mit einer etwa 2–3 cm hohen Mulchschicht aus Rasenschnitt oder Ähnlichem kannst du Gießwasser sparen und verhindern, dass der Boden austrocknet.

Besonders durstig sind Tomaten, Gurken, Zucchini und Kürbis.

Auf die Plätze, fertig, los!

Jetzt sind Tomaten, Tomatillos, Gurken, Zucchini, Buchbohnen, Kohlrabi, Radieschen, Salat, Zuckerschoten und Rote Bete erntereif.

Aussaaten im Sommer

Noch lässt sich vieles aussäen: bis Juni Rote Bete und Grünkohl; bis Anfang Juli Buschbohnen; bis Juli die Wintersorten des Lauchs; bis August Radieschen, Knollenfenchel, Rucola und Petersilie. Im Juli oder August kommen Asia-Salat und Feldsalat noch in die Erde, im August Spinat (Herbstsorten), Löffelkraut und Winterkopfsalat.

Jungpflanzen setzen

Hast du selbst gezogene oder gekaufte Jungpflänzchen, dann kannst du diese den Sommer über immer noch in dein Hochbeet setzen: Rote Bete und Rosenkohl noch im Juni, Pflücksalat, Kohlrabi, Knollenfenchel, Lauch und Grünkohl bis Juli, und Asia-Salat sogar bis August. Im August kannst du auch deine Wintersteckzwiebeln einsetzen.

Erwischst du bei der Zucchini-Ernte ein bitteres Exemplar – dann schmeiß es weg! Die Bitterstoffe können Übelkeit und Erbrechen auslösen, wenn du die Zucchini trotzdem isst. Hitze- und Trockenstress oder eine unbeabsichtigte Kreuzung mit einem Zierkürbis kommen als Ursache für die ungesunden Bitterstoffe infrage.

TIPP

Zucchini bilden oft schon im Hochsommer keine Früchte und neue Fruchtansätze mehr aus oder nur noch wenige. Entferne dann am besten die gesamte Pflanze! So schaffst du Licht und Luft für die verbleibenden Pflanzen im Hochbeet, und es werden keine Nährstoffe unnütz verbraucht.

Video rund um Tomaten:

Tomaten-Pflege

Den ganzen Sommer über werden Tomaten regelmäßig „ausgegeizt“, das heißt, alle Blätter und Triebe, die sich in den Blattachseln bilden, werden entfernt, ebenso wie bereits ausgebildete Fruchtansätze, die nicht mehr zur Reife gelangen. Sie würden nur unnötige Kraft verbrauchen und weiter entwickelte Früchte in deren Entwicklung behindern. Gegen Ende August solltest du die Tomaten bei Bedarf ein letztes Mal düngen, zuvor aber den Haupttrieb kappen und die Blüten, die sich jetzt noch an den Pflanzen befinden, entfernen.

Denn auch diese späten Triebe und Blüten kommen sowieso nicht mehr zur Ausreife kosten die Pflanzen nur unnötige viel Kraft.

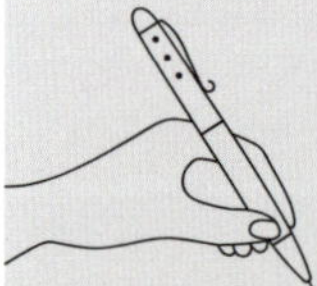

Schreibe auf!

Sonstige Pflegemaßnahmen im Sommer

Wenn du Mexikanische Mini-Gurken angebaut hast, haben sie im Juni wahrscheinlich schon eine Höhe erreicht, in der sie sich über eine Rankhilfe freuen. Außerdem kannst du den Sommer gut nutzen, um in der Nähe Brennnesseln zu sammeln und daraus eine Jauche anzusetzen.

Für weitere Infos zu den einzelnen Themen:

Gießen
→ Seiten 100–103
Mulchen
→ Seiten 108–109
Ins-Beet-Säen
→ Seiten 62–63
Düngen
→ Seiten 110–111
Brennnesseljauche
→ Seiten 118–119
Rankhilfen
→ Seiten 106–107

Das möchte ich im Sommer tun:

____

____

____

____

____

____

____

ERLEDIGE DEINE TO-DOS

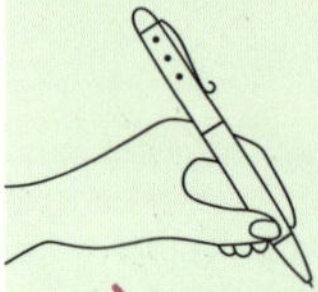

Markiere farbig, was du anbauen willst, und hake ab, wenn du etwas erledigt hast!

Lass diesen Kalender dein Begleiter durch den Sommer sein!

Sommer	Aussäen
Juni 	☐ Buschbohnen (anhäufeln!) ☐ Grünkohl (anhäufeln!) ☐ Knollenfenchel ☐ Lauch (Wintersorten) ☐ Petersilie ☐ Radieschen ☐ Rote Bete ☐ Rucola
Juli	☐ Asia-Salat ☐ Buschbohnen ☐ Feldsalat ☐ Knollenfenchel ☐ Lauch (Wintersorten) ☐ Petersilie ☐ Radieschen ☐ Rucola
August	☐ Asia-Salat ☐ Feldsalat ☐ Knollenfenchel ☐ Löffelkraut ☐ Petersilie ☐ Radieschen ☐ Rucola ☐ Spinat (Herbstsorten) ☐ Winterkopfsalat

Diese Seite als Download:

Wenn du Tomaten auf deinem Beet hast, vergiss das Ausgeizen nicht, und dünge die Pflanzen Ende August ein letztes Mal.

Bei manchen Gemüsen kannst du dich entscheiden, ob du deine Pflänzchen lieber auf der Fensterbank vorziehen und später in dein Hochbeet einpflanzen oder aber direkt in dein Hochbeet säen willst.

Vorziehen	Pflanzen
☐ Kohlrabi ☐ Pflücksalat (für Spätpflanzung)	☐ Asia-Salat ☐ Grünkohl (anhäufeln!) ☐ Knollenfenchel ☐ Kohlrabi ☐ Lauch ☐ Pflücksalat ☐ Rosenkohl ☐ Rote Bete
☐ Kohlrabi ☐ Pflücksalat (für Spätpflanzung)	☐ Asia-Salat ☐ Grünkohl ☐ Knollenfenchel ☐ Kohlrabi ☐ Lauch ☐ Pflücksalat
	☐ Asia-Salat ☐ Wintersteckzwiebeln stecken

Herbst & Winter: Was ist zu tun?

TIPP

Letzte Tomaten gibt es im September. Hängen an deinen Pflanzen spät im Herbst aber noch viele unreife, grüne Früchte, dann ist das auch kein Problem! Ernte sie ab, steck sie in eine lichtundurchlässige Papiertüte, gib einen Apfel dazu und lass sie so bei Temperaturen zwischen 15 und 20 °C im Haus nachreifen, bis sie das schöne Tomatenrot erreicht haben.

Die Haupterntezeit ist vorbei – doch für Gärtner und Gärtnerinnen gibt es immer etwas zu tun. Soll dein Hochbeet auch über den Winter bewirtschaftet werden, kannst du geeignete Arten im Herbst noch säen und pflanzen. Und wenn sich der Winter seinem ersehnten Ende zuneigt, darfst du dann schon wieder Pläne machen für die neue Saison.

Gemüse im Endspurt

Ist dein Sommergemüse abgeerntet, kannst du gut noch einmal Wintersorten von Salat und Spinat pflanzen, die an milden Herbsttagen noch gut wachsen. Zucchini kannst du, solange an ihnen noch Früchte hängen, regelmäßig weitergießen und ggf. düngen. Dann hast du noch Freude an weiterer Ernte, bis die Saison auch für sie mit den ersten Frösten endet. Zwischen September und November sind Hokkaido-Kürbisse reif. Vor dem ersten Frost müssen sie aber vom Beet!

Schmecken sie bitter, nicht essen oder verarbeiten!

Video zu Herbstarbeiten:

Blättere für das Thema Hochbeet-Abdeckung einfach gleich weiter auf die nächste Seite!

Aussaaten im Herbst und Winter

Du willst dein Hochbeet nicht in den Winterschlaf schicken? Du kannst es prima auch für die Gemüseversorgung im Winter nutzen! Hierfür gibt es zwei Möglichkeiten. Entweder du pflanzt rechtzeitig winterhartes Gemüse, das die frostige Zeit übersteht und in längeren Wärmephasen auch noch wächst. Oder du stattest dein Hochbeet mit einer Winterabdeckung aus. So kannst du das Wachstum von winterhartem Blattgemüse beschleunigen und den Erntezeitpunkt in gewissem Umfang steuern. Bei Sonnenschein wärmen sich unter einer Abdeckung Luft und oberste Bodenschicht selbst während einer Kältephase stark auf. Das Pflanzenwachstum wird angeschoben. Bremsen kannst du das, indem du die Abdeckung einfach vorübergehend öffnest.

Winterhart sind Rosenkohl und Grünkohl (sie halten bis -15 °C aus!) sowie Lauch. Aufgrund ihres hohen Wuchses eignen sie sich nicht für den Anbau unter einer flachen Winterabdeckung, sondern müssen schon im Juni oder Juli gepflanzt oder gesät werden, um bei einsetzender Frostperiode genügend weit entwickelt zu sein. Sie überstehen aber die Kälte im Beet und können bei Bedarf geerntet werden.

Feldsalat und Winterportulak (Postelein) sollten die Keimblättchen und zwei bis vier weitere Blätter gebildet haben, bevor Dauerfrost einsetzt. Sie wachsen während winterlichen Wärme- und Sonnenphasen weiter – je nach Wetter sind sie früher oder später erntereif.

Im September kannst du Radieschen, Rucola, Feldsalat, Spinat (Herbst- & Wintersorten), Löffelkraut, Asia-Salat, Winterportulak (Postelein) und Winterkopfsalat säen, Spinat-Wintersorten noch im Oktober, und den robusten Winterportulak (Postelein) den ganzen Winter hindurch. Wichtig ist nur, dass du Sorten wählst, die für die Aussaat im Herbst bzw. Winter geeignet sind! Im Februar kannst du dann schon wieder Spinat-Frühsorten aussäen.

Das möchte ich im Herbst & Winter tun:

Jungpflanzen setzen

Im September und Oktober werden die Wintersteckzwiebeln gesteckt und Winterkopfsalat wird gesät oder gepflanzt.

Arbeiten im Herbst

Baumschnitt, Rasenschnitt, Gartenabfälle – im Herbst fällt viel Material an, und wenn du jetzt ein Hochbeet baust, kannst du das alles gleich sinnvoll weiterverwenden. Der Innenaufbau und die eingefüllte Erde können sich dann bis zum Frühjahr setzen.

Der Herbst ist auch die ideale Zeit, um einen Komposthaufen umzusetzen, das heißt, den ganzen Haufen einmal umzuschaufeln. Am besten legst du dazu einen neuen Haufen neben dem alten an: Das obere Material des alten landet dann einfach im unteren Bereich des neuen Haufens.

Ab November solltest du deinen angebauten Winterspinat, Rucola und Winterkopfsalat sowie Löffelkraut mit Reisig oder einem Vlies abdecken.

Arbeiten im Winter

Ab Dezember solltest du auch Feldsalat abdecken.

Im Winter heißt es ansonsten: den Anbauplan für die nächste Saison austüfteln, das Saatgut besorgen und sich Gedanken über eine sinnvolle Fruchtfolge auf dem Hochbeet machen!

Im Februar kannst du dann schon wieder erste Sämlinge auf deinem Fensterbrett vorziehen.

Für weitere Infos zu den einzelnen Themen:

Winterabdeckung
→ Seiten 50–51

Hochbeet füllen
→ Seiten 26–29

Kompostieren
→ Seiten 112–117

Beet planen
→ Seiten 66–67

Vorziehen
→ Seiten 58–61

Hochbeet-Abdeckung leicht gemacht

Soll im Winter Gemüse auf dem Hochbeet wachsen oder überwintern und willst du auch bei Schnee und Minusgraden bequem von deinem Beet ernten, dann statte es mit einem Deckel bzw. einer Abdeckung aus. Für den Anbau unter einer Winterabdeckung sind aufgrund ihres niedrigen Wuchses Löffelkraut, Winterkopfsalat, Winterportulak, Asia- und Feldsalat besonders gut geeignet.

Sogar eine ganz einfache Abdeckung nur mit einem Gartenvlies schützt dein Gemüse bei Minusgraden, besonders in den Übergangszeiten. Vorteil dieser Maßnahme: Das Vlies ist luft- und wasserdurchlässig, weshalb du dir damit regelmäßiges Lüften (und auch Gießen) sparen kannst.

Die richtige Abdeckung

Die einfachste und preisgünstigste Möglichkeit für eine winterliche Beet-Abdeckung ist eine lichtdurchlässige, stabile Kunststofffolie. Lege sie über das Beet und fixiere sie an den Rändern mit aufgelegten Steinen. Soll auf deinem Beet auch höher werdendes Gemüse wachsen, dann forme die Folie mithilfe in die Erde gesteckter Drahtbügel zu einem Folientunnel und bringe diesen nur über den Pflanzen an, die auch wirklich darunterstehen sollen.
Genauso simpel ist eine Beet-Abdeckung aus lichtdurchlässigen Stegdoppelplatten aus dem Fachhandel. Folien und Kunststoffplatten haben aber leider den Nachteil, dass sie bei sinkenden Temperaturen und nachts nicht gut Wärme speichern. Dafür eignet sich ein Frühbeet-Aufsatz besser.

Wähle die Abmessungen nicht zu klein!

Ob Bausatz oder Eigenbau: Ein Frühbeet-Aufsatz schützt deine Pflanzen vor Schnee, Frost und winterlichem Regen.

Im Fachhandel sind außerdem Tomatendächer mit gebogener Oberfläche und Alurahmen erhältlich. Diese können relativ einfach zur Winterabdeckung umgebaut werden, sind robust, vertragen auch größere Schneelast und sind bei entsprechender Sicherung windunempfindlich.

> **TIPP**
>
> Wenn du im Winter ein Tomatendach verwenden willst, kannst du die Maße deines Hochbeet-Rahmens gleich von Beginn an passend wählen.

Tipps rund um die Winterabdeckung

- Ob einfach oder ausgeklügelt, ob selbst gebaut oder gekauft – die Abdeckung muss auf jeden Fall lichtdurchlässig sein.
- Lüfte regelmäßig, um Staunässe und Schimmelbefall zu vermeiden, besonders bei Sonnenschein und warmen Temperaturen.
- Achte darauf, dass der Abstand zwischen der Beet-Oberfläche und deiner Abdeckung für die Bepflanzung deiner Wahl ausreicht.
- Schütze deine Abdeckung gegen ein ungewünschtes Abheben oder Wegwehen.
- Die Pflänzchen sollten bereits vor Einsetzen der Frostperiode neben den Keimblättchen zwei bis drei weitere Blattpaare entwickelt haben.
- Für den Anbau von Blattgemüse unter einer Abdeckung ist es von Vorteil, wenn die Beet-Füllung schon ein wenig abgesunken ist.
- Willst du das Wachstum deines Blattgemüses zwischendurch verlangsamen, um eine spätere Ernte zu ermöglichen, kannst du die Abdeckung dauerhaft geöffnet lassen. Durch die andauernde Kälte wird das Wachstum verzögert, das Erntefenster verschiebt sich nach hinten. So lassen sich Wachstum und Erntezeitpunkt zumindest im Rahmen der gegebenen Witterungsverhältnisse steuern.

Eine Höhe zwischen Boden und Abdeckung von 20–30 cm ist ausreichend.

> **TIPP**
>
> Wenn plötzlich leichter Nachtfrost einsetzt, dann stelle Tee- oder Grablichter unter deine Abdeckung. Der Abstand zwischen Kerze und Beet-Aufsatz muss jedoch groß genug sein, damit der Beet-Aufsatz nicht zu heiß wird.

ERLEDIGE DEINE TO-DOS

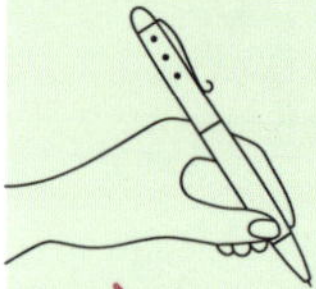

Markiere farbig, was du anbauen willst, und hake ab, wenn du etwas erledigt hast!

Lass diesen Kalender dein Begleiter durch Herbst und Winter sein!

Herbst	Aussäen
September 	☐ Asia-Salat ☐ Feldsalat ☐ Löffelkraut ☐ Radieschen ☐ Rucola ☐ Spinat (Herbst-/Wintersorten) ☐ Winterkopfsalat ☐ Winterportulak
Oktober	☐ Spinat (Wintersorten) ☐ Winterportulak
November	☐ Winterportulak
Dezember	☐ Winterportulak
Januar	☐ Winterportulak
Februar	☐ Spinat (Frühsorten) ☐ Winterportulak

Decke Feldsalat, Löffelkraut, Rucola, Winterkopfsalat und Winterspinat von jetzt ab bis zum Ende der Frostperiode mit Reisig oder Vlies ab!

Diese Seite als Download:

Vorziehen	Pflanzen
	☐ Wintersteckzwiebeln stecken ☐ Spinat (Wintersorten) ☐ Winterkopfsalat
☐ Winterkopfsalat ☐ Wintersteckzwiebeln stecken	
☐ Kohlrabi (Pikieren nicht vergessen!) ☐ Lauch ☐ Mex. Mini-Gurke ☐ Pflücksalat ☐ Tomate	

Auf gute Nachbarschaft!

Wenn du deine Beet-Belegung planst, musst du neben unterschiedlichen Nährstoffbedürfnissen und Standortvorlieben auch andere Faktoren berücksichtigen, besonders bei Gemüse. Denn auch unter Pflanzen kommt es zu „Animositäten“ – verschiedene Pflanzenarten sind einander gar nicht grün.

Dich mag ich nicht!

In der Natur wachsen meist nicht alle Pflanzenarten wahllos nebeneinander, sondern es bilden sich immer wieder ähnliche Pflanzengemeinschaften. Setzt du im Garten Arten zusammen, die „freiwillig“ keine enge Nachbarschaft eingehen würden, kann es sein, dass sie unzureichend wachsen und zu wenig Ertrag bringen. Vor allem bei Gemüse willst du genau das aber ja nicht.

Die liebe Familie …

Manchmal ist es in der Welt der Pflanzen ähnlich wie im menschlichen Zusammenleben: Viele Gemüsearten reagieren sogar „allergisch“, wenn Pflanzen aus derselben Familie neben ihnen oder mehrmals nacheinander auf demselben Beet wachsen. Im schlimmsten Fall führt das zu Ertragsausfällen und Kümmerwuchs. Kohlgewächse und Doldenblütler sind in dieser Hinsicht besonders empfindlich.

Sieh also am besten auf den Samentütchen nach, zu welcher Familie das jeweilige Gemüse gehört, und mache eine Pause von drei bis vier Jahren, bevor du dieselbe oder eine verwandte Art wieder ins Beet setzt.

Hochbeete haben hier aber einen klaren Vorteil. Während in „normalen“ Gemüsebeeten die Zusammensetzung des Bodens immer gleich bleibt, kannst du im Hochbeet nach einem Jahr das abgesackte Erdvolumen mit neuem Substrat auffüllen. Für die Pflanzen entsteht so ein ähnlicher Effekt, als würden sie in einem neuen Beet wachsen. Die negativen Auswirkungen einer zu engen Fruchtfolge werden somit erfreulicherweise minimiert.

Hilfreiche Nachbarn

Bestimmte Arten wachsen gut miteinander, ja sie helfen einander sogar, indem sie Schädlinge des jeweiligen Nachbarn in die Flucht schlagen! So vertreibt kräftiger Zwiebelduft schädliche Gemüsefliegen von Möhren, den Geruch des Möhrenkrauts wiederum finden Zwiebelfliegen eklig; und Bohnenkraut vergrault Schwarze Bohnenläuse von Buschbohnen.
Aber auch mit Blick auf den zur Verfügung stehenden Platz in deinem Hochbeet gibt es günstige Pflanzen-Nachbarschaften. So passt schmalwüchsiger, wenig Platz beanspruchender Lauch optimal neben in die Breite wachsenden Salat.

Anhand der Mischkulturtabelle ab der nächsten Seite kannst du überprüfen, ob die von dir gewünschten Gemüsearten miteinander harmonieren oder nicht, und bei Bedarf einzelne Arten austauschen.

Meine persönlichen Perfect-Matches sind:

Gute Nachbarn – schlechte Nachbarn

	Gute Nachbarn	Schlechte Nachbarn	Nährstoffbedarf
Basilikum	Oregano, Petersilie, Rosmarin, Knollenfenchel, Gurke, Kohl, Kürbis, Tomate, Zucchini	Salbei, Thymian	mittel/hoch
Buschbohne	Kohlrabi, Salat, Radieschen, Spinat, Tomatillo	Zwiebel, Schnittknoblauch, Zuckerschote	gering
Feldsalat	Kohlrabi, Radieschen, Zwiebel	Kohl	gering
Gurke	Buschbohne, Zuckerschote, Salat, Kohl, Schnittknoblauch, Kohlrabi, Lauch, Rote Bete, Zwiebel, Knollenfenchel	Radieschen, Rettich, Tomaten	hoch 
Knollenfenchel	Basilikum, Schnittlauch, Zuckerschote, Gurke, Salat, Spinat, Petersilie, Salbei, Tomate, Radieschen	Petersilie	mittel
Kohlarten	Buschbohne, Salat, Spinat, Tomate, Zwiebel, Zuckerschote	Radieschen, Rucola, Feldsalat	hoch
Kohlrabi	Buschbohne, Feldsalat, Salat, Spinat, Tomate, Zwiebel, Schnittlauch, Zuckerschote	Radieschen, Rucola	mittel
Kürbis	Zuckerschote, Buschbohne, Zwiebel, Kohlrabi	Gurke, Zucchini	hoch
Lauch	Kohl, Salat, Tomaten	Buschbohne, Rote Bete, Zuckerschote	mittel/hoch
Petersilie	Radieschen, Tomate, Zucchini, Basilikum, Thymian, Grünkohl, Gurke, Zwiebel	Knollenfenchel	mittel
Radieschen	Buschbohne, Feldsalat, Kohlrabi, Salat, Petersilie, Rucola, Spinat, Tomate, Knollenfenchel, Zuckerschote	Kohlrabi, Rucola, Zwiebel	gering 
Rosmarin	Basilikum, Oregano, Salbei, Thymian	Zwiebel, Schnittknoblauch	gering

	Gute Nachbarn	Schlechte Nachbarn	Nährstoffbedarf
Rote Bete	Zucchini, Salat, Buschbohne, Schnittknoblauch, Gurke, Kohl	Spinat	mittel
Rucola	Radieschen, Salat, Spinat	Kohlrabi, Radieschen, Zwiebel	gering
Salat	Kohlrabi, Radieschen, Rucola, Tomate, Tomatillo, Zuckerschote, Zwiebel, Knollenfenchel		gering
Salbei	Oregano, Rosmarin, Thymian	Basilikum	gering
Schnitt-knoblauch	Tomate, Gurke, Rote Bete, Knollenfenchel	Rosmarin, Buschbohne, Zuckerschote	hoch
Schnittlauch	Knollenfenchel, Kohl, Kohlrabi, Spinat, Tomate, Oregano, Thymian		hoch
Spinat	Buschbohne, Kohlrabi, Schnittlauch, Radieschen, Rucola, Tomate, Knollenfenchel	Rote Bete	gering
Thymian	Rosmarin, Salbei, Kohlrabi, Schnittlauch, Rosenkohl	Basilikum	gering
Tomate	Buschbohne, Kohlrabi, Petersilie, Radieschen, Salat, Spinat, Knollenfenchel, Schnittlauch, Schnittknoblauch	Zuckerschote	hoch
Tomatillo	Buschbohne, Salat	Tomaten	mittel
Zucchini	Buschbohne, Zuckerschote, Salat, Lauch, Petersilie, Rote Bete, Spinat, Zwiebel	Tomate, Gurke, Radies-chen	hoch
Zuckerschote	Kohlrabi, Radieschen, Salat, Knollenfenchel	Buschbohne, Schnitt-knoblauch, Tomate, Zwiebel	gering
Zwiebel	Feldsalat, Kohlrabi, Salat	Buschbohne, Zucker-schote, Kohl, Lauch, Radieschen	gering

Gemüse & Kräuter vorziehen

Biologisch abbaubar!

Kälteempfindlichen oder besonders langsam wachsenden Gemüse- und Kräuterarten verschaffst du einen eindeutigen Vorsprung, wenn du sie in Saatschalen auf dem Fensterbrett vorziehst und erst später ins Beet setzt.

Vorziehen auf dem Fensterbrett

Ein Fensterbrett an einem sonnigen, hellen Südfenster eignet sich hervorragend als Anzuchtstation für verschiedene Gemüse- und Kräuterarten. Als Aussaatgefäße nimmst du Töpfe und Schalen aus Ton, Kunststoff oder gepresstem Material, Holz- oder Styroporkistchen. Selbst ausgediente Joghurtbecher, deren Boden du mit Wasserabzugslöchern versehen hast, eignen sich.

Die Sämlinge brauchen nämlich genügend Licht.

Wichtig: Abdeckung

Ebenfalls gute Dienste leistet ein „Zimmer-Gewächshaus" aus dem Fachhandel. Es ist gleich mit einer praktischen Abdeckung aus durchsichtigem Kunststoff versehen. Darunter entstehen nach der Aussaat schnell die zum Keimen nötige hohe Luftfeuchtigkeit und Wärme. Ansonsten deckst du Töpfe und Schalen einfach mit durchsichtigen Plastikhauben oder Glasscheiben ab.

Hell oder dunkel?

Auf den Samentütchen von Gemüse und Kräutern ist meist angegeben, ob es sich bei der entsprechenden Art um einen Licht- oder Dunkelkeimer handelt. Dementsprechend verfährst du bei der Aussaat der Samen: Die Samen von Dunkelkeimern werden mit so viel Erde bedeckt, dass kein Licht mehr zu ihnen vordringt; Lichtkeimer bekommen nur eine ganz dünne Erdauflage.

Wie warm soll es sein?

Nach Möglichkeit wählst du zum Vorziehen deiner Pflänzchen einen Raum, dessen Temperatur etwas unterhalb der idealen Keimtemperatur der Samen liegt (maximal 5–6 °C unterhalb; ist es kühler, keimen die Samen häufig nicht). Das ist auf jeden Fall besser als ein Raum, in dem die Temperatur zwischen Tag und Nacht stark schwankt.

Samenfest oder nicht?

Beim Saatgut von Gemüsepflanzen gibt es „samenfeste“ und „Hybrid“-Sorten. Beide haben Vor- und Nachteile. Hybridsorten keimen oft gleichmäßiger und weisen Resistenzen gegenüber Krankheiten und Schädlingen auf. Allerdings lohnt es sich nicht, von den gewachsenen Pflanzen die Samen für eine weitere Aussaat im nächsten Jahr zu sammeln, denn sie geben ihre Eigenschaften nicht über ihr Saatgut weiter. Das ist bei samenfesten Sorten anders: Von ihnen kannst du Samen sammeln und wieder aussäen.

TIPP

Hast du das Zeitfenster für die Anzucht verpasst oder ist sie misslungen? Dann sieh dich nach einer Pflanzentauschbörsen in der Nähe um. Hier kann man sich kostengünstig mit Pflanzenmaterial eindecken und darüber hinaus nette Leute treffen, fachsimpeln oder von alten Gartenhasen Rat holen.

Samenfestes Saatgut sammeln!

DEINE VORZIEH-ANLEITUNG

Hier zeigen wir dir, wie du deine ersten eigenen Pflänzchen vorziehst!

TIPP

Als Material für Etiketten kannst du ausgediente Joghurtbecher aus Kunststoff verwenden. Spüle sie aus, schneide das Seitenmaterial in genügend große und breite Streifen – jetzt musst du sie nur noch mit einem wasserfesten Stift beschriften und in die Erde stecken.

Das brauchst du fürs Vorziehen:

- ☐ Saatgut
- ☐ Anzuchtschalen, kleine Töpfe
- ☐ durchsichtige Plastikhauben oder Glasscheiben
- ☐ Aussaaterde
- ☐ Pikierholz
- ☐ Wassersprüher
- ☐ Gießkanne mit feiner Brause
- ☐ Etiketten
- ☐ wasserfester Stift

Insbesondere bei größerem Saatgut gilt: Verwende nicht zu viele Samen und säe diese nicht zu dicht aus. So ersparst du dir späteres Pikieren, bei dem oftmals die Wurzeln der verbleidenden Keimlinge verletzt und so unnötig geschwächt würden.

Als Saatgut habe ich:

→ Lichtkeimer
→ Dunkelkeimer

Die Keimtemperatur meines Saatguts beträgt:
__________ °C
Die Temperatur auf meinem Fensterbrett sollte sich daher etwa in diesem Bereich bewegen: __________ °C

So wird's gemacht:

- [ ] Gib Aussaaterde in deine Anzuchtschale und setze die Samen hinein.
- [ ] Bedecke Dunkelkeimer mit so viel Erde, dass kein Licht mehr zu ihnen vordringt, Lichtkeimer nur ganz dünn mit Erde.
- [ ] Sorge für gleichmäßige Feuchtigkeit deiner Aussaaten.
- [ ] Beschrifte dein Gefäß und bedecke es mit einer durchsichtigen Folie oder Glas.
- [ ] Sind die Samen gekeimt, dann sorge für gute Belüftung und gieße sie regelmäßig, damit sie nicht austrocknen.
- [ ] Sobald die Sämlinge Keimblätter und ein bis zwei „richtige“ Blattpaare haben und sich in der Saatschale gegenseitig beengen, ist Zeit fürs Pikieren: Vereinzele die Pflanzen und setze sie in kleine Töpfe.
- [ ] In den folgenden Wochen, bevor sie ins Beet gesetzt werden, solltest du deine selbst gezogenen Pflanzen immer wieder abhärten: Setze sie kurz vor oder spätestens mit Erreichen der Auspflanzfähigkeit tagsüber bei schönem Wetter an einen geschützten, halbschattigen Platz vor die Tür.

Hake ab, was du erledigt hast!

TIPP

Wie viel du wässern musst und wie lange es bis zur Keimung dauert, hängt von der Pflanzenart ab. Die Angaben findest du auf den Samentütchen.

Je nach Pflanzenart ist das etwa 3–6 Wochen nach der Aussaat der Fall.

TIPP

Ist es sehr kalt, regnerisch oder windig, dann hole deine Pflänzchen lieber nochmal ins Haus. Das macht zwar etwas Arbeit, doch so umsorgt werden deine Pflanzen stabil und standfest – ideal vorbereitet auf ihren Einzug ins Hochbeet!

Wind und Sonne stärken die Pflanzen, und sie überstehen den Auspflanzschock dann deutlich besser.

Direkt ins Beet säen

Das säe ich direkt ins Beet:

Kräuter: ____________________

____

____

____

Salat: ____________________

____

____

____

Gemüse: ____________________

____

____

____

Obst: ____________________

____

____

____

Im Fachhandel gibt es Saatbänder zum Beispiel für Lauch, Rote Bete, Salat u. a.

Viele Gemüse- und Kräuterarten kannst du auch direkt ins Hochbeet säen, wie zum Beispiel im Spätsommer typische Herbst- und Wintersalate. Gerade wenn du „Garteneinsteiger" bist oder nur ein begrenztes Zeitpensum für Gartenarbeit zur Verfügung hast, ist die Direktsaat ideal: denn das arbeitsaufwendige Vereinzeln, Umtopfen und Verpflanzen entfällt.

Aber es gibt auch Nachteile

Eines ist sicher: Wetter und Kalender musst du etwas besser im Blick behalten als beim Vorziehen, wo deine Samen auf der warmen Seite der Fensterscheibe stehen. Die Frostbeulen unter den Gemüsearten dürfen auf keinen Fall zu früh ins Beet gesät werden! Die traditionellen Eisheiligen sind da aber eine prima Orientierung: Wärmeliebende Arten wie Zucchini oder Basilikum solltest du nicht vor Mitte/Ende Mai ins Beet sähen.

Samen am Band

Eine gleichmäßig aufgehende Saat ohne mühsames Pikieren bekommst du mit Saatbändern. Die Samen sitzen dabei in einem Band aus Spezialpapier. Dieses legst du in die Pflanzrille, bedeckst es dünn mit Erde und wässerst anschließend gut.

Starkzehrer pflanzen

Video Starkzehrer richtig pflanzen:

Starkzehrendes Gemüse wie Tomaten und Rosenkohl benötigt, wie schon der Name sagt, viele Nährstoffe; es gedeiht in einem neu angelegten Hochbeet am besten.

Mit Nährstoffen versorgen

Während im ersten Jahr nach der Anlage des Hochbeets eine Düngung meist nicht erforderlich ist, brauchen die Nährstofffresser unter den Gemüsen schon ab dem zweiten Jahr zusätzliches „Futter“. Du kannst deinen Jungpflanzen schon beim Einsetzen eine Starthilfe verabreichen. Gib Dünger aber nie direkt an die Wurzeln!

Sonst werden die Pflanzen „träge“: Ihr Wurzelwachstum verringert sich.

Starkzehrer wie Kürbis, Tomate, Zucchini & Co. kannst du gut mit Pflanzenjauche (Brennnessel) oder Flüssigdünger aus dem Fachhandel nachdüngen; am besten etwa alle zwei Wochen im Juli und August, oder du versorgst sie mit zusätzlichen Kompostgaben (⟶ Seiten 110–111).

Die richtige Pflanztiefe

Rosenkohl & Co. solltest du nicht tiefer einpflanzen, als die Jungpflanzen zuvor in ihrem Anzuchtgefäß saßen, sonst können sie leicht von Pilzen befallen werden und eingehen.
Tomaten und Tomatillos hingegen solltest du möglichst tief einpflanzen. Wenn du bei vorgezogenen Tomatenpflanzen ein Drittel bis die Hälfte ihrer überirdischen Bestandteile einsetzt, bilden sie schneller und mehr Wurzeln. Das erleichtert die spätere Wasser- und Nährstoffaufnahme. Die Pflanzen werden gestärkt, Wuchs und Fruchtbildung gefördert.

Der richtige Pflanzabstand

Wichtig dabei: „Grünbrücken" für Schnecken möglichst vermeiden!

Starkzehrer darfst du nicht zu eng pflanzen, sonst rauben sie sich die Nährstoffe gegenseitig. Viele Starkzehrer bilden zudem reichlich Blattwerk für die notwendige Photosynthese und sollten sich auch in dieser Hinsicht nicht gegenseitig bedrängen: Setze Zucchini und andere Pflanzen mit starker Blattbildung am besten immer an den Beet-Rand. Dann kannst du den späteren „Blätterwald" über den Rand des Hochbeets ableiten und er raubt den anderen Pflanzen nicht sämtliches Licht.

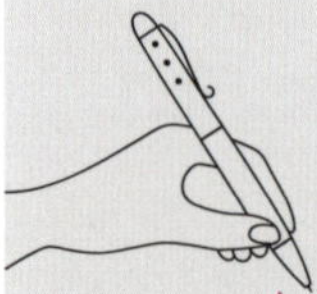

Schreibe auf!

Diese Starkzehrer möchte ich pflanzen:

____

____

____

____

____

____

DEINE EINPFLANZ-ANLEITUNG

Hier zeigen wir dir, wie du deine Starkzehrer richtig pflanzt!

Das brauchst du fürs Einpflanzen:

- ☐ Schafwollpellets, Hornspäne oder halbreifen Kompost

So wird's gemacht:

- ☐ Hebe das Pflanzloch etwa doppelt so tief aus, wie der Pflanzballen hoch ist.
- ☐ Gib eine Handvoll Schafwollpellets, Hornspäne oder halbreifen Kompost ins Pflanzloch und setze die Pflanze hinein.
- ☐ Gieße deine Jungpflänzchen reichlich mit Wasser an. So werden Hohlräume geschlossen und die Wurzeln erhalten besten Bodenschluss; sie können ihre Arbeit direkt aufnehmen.
- ☐ Dünge deine jungen Pflanzen regelmäßig alle ein bis zwei Wochen.

Die eingesetzte Pflanze wird bei der Suche nach Nährstoffen genügend Wurzeln bilden, da sie weiter unten einen guten Vorrat findet.

Gut zum regelmäßigen Nachdüngen starkzehrender Hochbeet-Pflanzen eignet sich Brennnesseljauche. Wie du sie herstellst, erfährst du auf Seiten 118–119.

PLANE DEIN EIGENES BEET!

Blanko-Beet-Plan als Download:

Jetzt bist du so weit und kannst dein eigenes Beet planen! Wende das an, was du bisher gelernt hast – und blättere zurück, um einzelne Infos nachzuschlagen.

Du brauchst:

- [ ] Tabelle „Gute Nachbarn – Schlechte Nachbarn" (⟶ Seite 56) mit den Infos zum Nährstoffbedarf
- [ ] den Blanko-Beet-Plan (für Frühling, Sommer und Herbst), den du dir hier ausdrucken kannst

Darauf musst du achten:

→ Da ein Hochbeet vor allem in den ersten Jahren nach dem Bau eine große Menge an Nährstoffen produziert, eignet es sich zuerst vor allem für starkzehrendes Gemüse wie Gurke, Tomate, Kürbis, Rosenkohl oder Grünkohl gut.

→ Etwa 3–4 Jahre danach nimmt der Nährstoffgehalt im Inneren des Hochbeets langsam ab; jetzt fühlen sich sogenannte Mittelzehrer am wohlsten. Zu ihnen zählen Knollenfenchel, Kohlrabi und Rote Bete.

→ Nach 4–5 Jahren herrschen in deinem Hochbeet dann ideale Bedingungen für Schwachzehrer wie Salate, Radieschen, Zwiebeln und die meisten Kräuter. Sie brauchen noch weniger Nährstoffe (insbesondere Stickstoff) als die Mittelzehrer.

Natürlich darfst du das anbauen, was du gerne isst, aber die Nährstoffbedürfnisse der Pflanzen sowie

TIPP

Wenn du nur Mittel- und Schwachzehrer wie Kräuter und Salate anbauen willst, dann wähle von Beginn an eine andere Hochbeet-Füllung: Material, das nur wenige Nährstoffe liefert, wie Schotter, Kies und „überständigen" Kompost.

das Nährstoffangebot in deinem Beet solltest du beim Planen immer berücksichtigen: ggf. musst du eben nachdüngen oder aber Beetfläche „abmagern“.

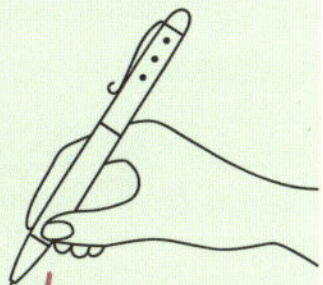

Hake ab, was du erledigt hast!

So wird's gemacht:

- [ ] Suche dir für jede Jahreszeit (Frühjahr, Sommer, Herbst & Winter) aus den Plänen auf den Seiten 68–71, 76–79 und 84–87 die Gemüsearten aus, die du anbauen möchtest.
  → Nimm dir evtl. auch die To-Do-Listen auf den Seiten 38–39, 44–45 und 52–53 zur Hilfe.
- [ ] Checke anhand der Liste auf den Seiten 56–57 ab, für welches Anbaujahr sich diese Pflanzen eignen: Wähle für
  → das erste und zweite Jahr nach der Anlage hauptsächlich Gemüsearten aus, die einen hohen Nährstoffbedarf haben,
  → für das dritte Jahr vorrangig mittel- und schwachzehrende Arten
  → und für das vierte Jahr vor allem genügsame Schwachzehrer bzw. versorge die anderen mit zusätzlichem Dünger.
- [ ] Kombiniere Nachbarn, die sich gut vertragen (→ Liste auf den Seiten 56–57).
- [ ] Trage die Gemüsearten entsprechend in deine drei Pläne ein und ergänze die Mengen, die du jeweils anbauen willst.

Den aufeinander folgenden Anbau verschiedener Gemüsearten auf einem Beet über einen längeren Zeitraum, je nach ihrem Nährstoffbedarf, nennt man „Fruchtfolge“. Auf dem Hochbeet ergibt sich eine solche nahezu von selbst. Als „Fruchtwechsel“ hingegen bezeichnet man den jährlichen Wechsel der Pflanzenfamilien.

Beispiel für die Bepflanzung deines Hochbeets:

→ 1.–2. Jahr: Kürbis, Tomaten
→ 2.–3. Jahr: Tomatillo, Zucchini, Rosenkohl, Gurke
→ 3.–4. Jahr: Salat, Zwiebeln, Kohlrabi
→ 4.–5. Jahr: Radieschen, Salat, Buschbohnen, Feldsalat

Auf den folgenden Seiten schlagen wir dir vier ganz konkrete Bepflanzungspläne vor. Zuerst lernst du dort die Pflanzen in Kurzporträts kennen. Dann zeigen wir dir Schritt für Schritt, was du über das Jahr an diesem Beet machen musst.

Beet-Plan 1: das Familienbeet

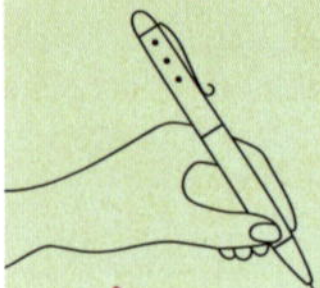

Hake ab, welche Gemüse du ausprobiert hast und bewerte, wie gut es geklappt hat!

Im ersten Beet-Plan, den wir dir vorstellen wollen, versammeln sich mit Tomate, Mini-Gurke & Co. beliebte Gemüsesorten, über die du und deine Familie sich über einen langen Zeitraum freuen können. Zuerst zeigen wir dir, mit welchen Pflanzen du es hier zu tun hast, und dann soll es darum gehen, was übers Jahr verteilt konkret zu tun ist.

Du kannst ernten:

Gut als Folge-, Zwischen- und Markiersaat.

Radieschen (Raphanus sativus var. sativus)

Schwierigkeit/Pflegeaufwand:

Kulturdauer: ca. 3–4 Wochen

Wasser:

Nährstoffe:

Sonne:

Ernte: April–Oktober

Säen: März–September 1 cm tief in gleichmäßig feuchtes, humoses, mittelschweres Substrat; sonniger, luftiger Standort.

Pflegen: Ausreichend gießen, Knollen werden sonst scharf und holzig. Kein frischer organischer Dünger!

Genießen: Rohkost, Salat, junge Blätter als Pesto.

Sorten: ‘Rudi’ (rot, rund); ‘Flamboyant’ (länglich, rot-weiß).

Zuckerschote (Pisum sativum saccharatum)

Schwierigkeit/Pflegeaufwand:
Kulturdauer: ca. 3 Monate
Wasser:
Nährstoffe:
Sonne:
Ernte: Juni–August
Säen: März/April bei ca. 5–8 °C Bodentemperatur 3 cm tief in lockeres, humoses Substrat; warmer, luftiger Standort.
Pflegen: Aussaaten mit Netzen vor Vögeln schützen, bis zur Keimung gleichmäßig feucht halten; Rankhilfen (Reisig) in den Boden stecken. Nicht frisch organisch düngen!
Genießen: gedünstet, roh, gebraten, blanchiert; ganze Schote essbar.
Sorten: ‘Ambrosia’; ‘Delikata’.

Pflücksalat (Lactuca sativa var. crispa)

Schwierigkeit/Pflegeaufwand:
Kulturdauer: ca. 4–6 Wochen
Wasser:
Nährstoffe:
Sonne: –
Ernte: Mai–Oktober
Säen/Pflanzen: Ende Februar auf dem Fensterbrett oder März bis Anfang September im Beet bei etwa 15 °C 1 cm tief in lockeres, humoses Substrat; nach dem Aufgehen vereinzeln. Vorgezogene Jungpflanzen zwischen April und Anfang August setzen.
Pflegen: gleichmäßig feucht halten, mulchen.
Genießen: Salat.
Sorten: ‘Lollo rossa’ (rotes Laub); ‘Lollo bionda’ (gelbgrünes Laub).

Spinat (Spinacia oleracea)

Schwierigkeit/Pflegeaufwand:
Kulturdauer: ca. 4–6 Wochen
Wasser:
Nährstoffe:
Sonne:
Ernte: März–Mai und September–November
Säen: März bis April Früh-, August bis Mitte September Herbst-, Ende September bis Mitte Oktober Winterspinat 2–3 cm tief in humoses, nicht zu trockenes Substrat; heller Standort
Pflegen: gleichmäßig feucht halten, hacken; Wintersorten mit Reisig oder Vlies abdecken.
Genießen: gedünstet, blanchiert, junge Blätter roh.
Sorten: ‘Matador’, ‘Monnopa’ (Frühjahr/Herbst); ‘Nobel’ (Winter).

Hokkaido-Kürbis

(Cucurbita maxima convar. Hubbardiana)

Schwierigkeit/Pflegeaufwand:

Kulturdauer: ca. 4 Monate

Wasser:

Nährstoffe:

Sonne:

Ernte: (August/)September–November

Lagerfähig: 3–4 Monate bei 10–14 °C

Säen/Pflanzen: Mitte April auf dem Fensterbrett; Mai direkt ins Beet 2–3 cm tief; ideal bei über 20 °C; vorgezogene Pflanzen nach den Eisheiligen in feuchtes, nährstoffreiches, humoses Substrat auspflanzen; warmer, geschützter Standort.

Pflegen: Jungpflanzen vor Schnecken und kalten Temperaturen (Gärtnervlies!) schützen.

Genießen: Suppe, Eintopf, Risotto, Kuchen, Auflauf, Chutney, eingelegt, gegrillt; mit Schale essbar.

Mexikanische Mini-Gurke

(Melothria scabra)

Schwierigkeit/Pflegeaufwand:

Kulturdauer: ca. 5 Monate

Wasser:

Nährstoffe:

Sonne: –

Ernte: Juli–Oktober

Säen/Pflanzen: Ende Februar/März bei etwa 20 °C auf dem Fensterbrett 1–2 cm tief; nach ca. 4 Wochen pikieren, weiter warm stellen, ab Ende Mai auspflanzen in nicht zu feuchtes, nährstoffreiches Substrat.

Pflegen: an Rankhilfe nach oben leiten oder herabhängen lassen; nicht zu viel gießen!

Genießen: Rohkost, eingelegt; mit Schale essbar.

Wurzelknollen können, wie Dahlien frostfrei überwintert werden.

Zucchini *(Cucurbita pepo var. melopepo)*

Schwierigkeit/Pflegeaufwand:

Kulturdauer: ca. 6–8 Wochen

Wasser:

Nährstoffe:

Sonne:

Ernte: Juni–Oktober

Lagern: 1 Woche bei 8–10 °C

Säen/Pflanzen: im April auf dem Fensterbrett; Mitte Mai direkt ins Beet 2–3 cm tief; vorgezogene Pflanzen nach den Eisheiligen auf 1,5 x 1,5 m in nährstoffreiches, lockeres, humoses Substrat auspflanzen; warmer Standort.

Pflegen: Jungpflanzen vor Schnecken und kalten Temperaturen (Gärtnervlies!) schützen.

Genießen: Suppe, Kuchen, Auflauf, gegrillt.

Sorten: 'Lemon' (gelb, zitronenförmig); 'Zuboda' (grün, länglich, kaum rankend).

Tomate *(Lycopersicon esculentum var. esculentum)*

Schwierigkeit/Pflegeaufwand:

Kulturdauer: ca. 5 Monate

Wasser:

Nährstoffe:

Sonne:

Ernte: Juni–Oktober

Nachreifen: dunkel bei 18–20 °C

Säen/Pflanzen: Ende Februar/März auf dem Fensterbrett 0,5–1 cm tief; nach 3–4 Wochen pikieren; ab Ende Mai tief auspflanzen in humoses, nährstoffreiches Substrat; warmer Standort.

Pflegen: an Stäben/Schnüren ziehen; Triebe in den Blattachseln regelmäßig ausbrechen; nicht von oben gießen; Regenschutz!

Genießen: Suppe, Soße, Pizza, Aufstrich, Ketchup, Salat.

Sorten: 'Zuckertraube' (rote Cocktailtomate).

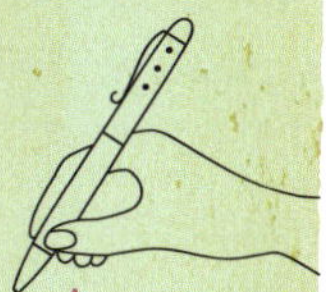

So finde ich das Familienbeet:

Dein Jahr mit dem Familienbeet

Du kannst ernten:

- ☐ Tomaten
- ☐ Hokkaido-Kürbis
- ☐ Radieschen
- ☐ Zuckerschoten
- ☐ Zucchini
- ☐ Mexikanische
- ☐ Mini-Gurke
- ☐ Pflücksalat
- ☐ Spinat

Nicht vergessen im Frühjahr:

- ○ vorgezogene Jungpflanzen pikieren
- ○ Beet bei Minusgraden mit Kälteschutzvlies abdecken

Frühjahr (März–Mai)

Ab März kannst du Spinat, Radieschen, Zuckerschoten und Pflücksalat ins Beet säen und noch Mini-Gurken vorziehen, ab April Hokkaido und Zucchini auf dem Fensterbrett vorziehen. Pikiere die Jungpflanzen, sobald sie neben den Keimblättern ein bis zwei weitere Blattpaare haben.

Ende Mai dürfen die Jungpflanzen von Zucchini, Hokkaido, Mini-Gurke und Tomate (wenn du diese nicht schon im Februar/März selber vorgezogen hast, musst du Jungpflanzen kaufen) ins Beet.

→ Falls es noch Minusgrade gibt, mit Kälteschutzvlies abdecken!

ZUCCHINI
MEXIKANISCHE MINI-GURKE
ZUCKER-SCHOTEN
PFLÜCK-SALAT
RADIES-CHEN
SPINAT
TOMATEN
HOKKAIDO-KÜRBIS

Sommer (Juni–August)

Du kannst schnell wachsende Kulturen wie Radieschen, Pflücksalat und ab August auch Spinat mehrmals (alle paar Wochen) in deinem Beet nachsäen – dann hast du einerseits den ganzen Sommer über ausreichend zu ernten und andererseits keine „Salatschwemme" auf einen Schlag!
Jetzt ziehst du außerdem Pflücksalat für eine späte Pflanzung (sobald Platz auf dem Beet ist) in Saatschalen vor; bis August kannst du ihn ins Beet pflanzen.
Bringe Rankhilfen für die Mexikanischen Mini-Gurken und die Zuckerschoten an und geize regelmäßig die Tomaten aus. Ggf. musst du in deinem Beet auch etwas auslichten.
Bei Sommerhitze musst du dein Beet ausreichend gießen und am besten mulchen; dünge Tomate, Zucchini und Hokkaido bei Bedarf mit Brennnesseljauche!

→ Jetzt kannst du von allen Kulturen (bis auf Spinat) auf deinem Beet reichlich ernten!

Nicht vergessen im Sommer:

- ◯ Rankhilfen für Mini-Gurken und Zuckerschoten anbringen
- ◯ Tomaten regelmäßig ausgeizen
- ◯ bei Bedarf auslichten
- ◯ Beet mulchen
- ◯ bei Hitze regelmäßig gießen
- ◯ Tomaten, Zucchini und Hokkaido bei Bedarf düngen

Herbst (September–Oktober) & Winter (November–Februar)

Im September kannst du ein letztes Mal Radieschen und Pflücksalat säen, bis Mitte Oktober Wintersorten von Spinat.
Mache im Winter einen Anbauplan fürs nächste Jahr, sichte deine Samenvorräte und fülle sie ggf. auf.
Ab Februar kannst du Mini-Gurke, ab Februar/März Tomate und Pflücksalat auf dem Fensterbrett vorziehen – ein heller Platz ist wichtig. Deine Anzuchtschalen musst du zuvor gut säubern!

Nicht vergessen im Herbst/Winter:

- ◯ Beet-Plan fürs Folgejahr erstellen
- ◯ Samenvorräte sichten und auffüllen
- ◯ Anzuchtschalen reinigen

Aussaat-, Pflanz- und Erntekalender Familienbeet

	JAN	FEB	MÄRZ	APR	MAI	JUNI	JULI	AUG	SEP	OKT	NOV	DEZ
Tomate		Vorziehen	Vorziehen		Pflanzung		Ernte	Ernte	Ernte	Ernte		
Hokkaido				Vorziehen	Vorziehen, Aussaat, Pflanzung			(Ernte)	Ernte	Ernte	Ernte	
Radieschen			Aussaat	Aussaat, Ernte	Aussaat, Ernte	Aussaat, Ernte	Aussaat, Ernte	Aussaat, Ernte	Aussaat, Ernte	Ernte		
Zuckerschote			Aussaat	Aussaat		Ernte	Ernte	Ernte				
Zucchini				Vorziehen	Aussaat, Pflanzung	Ernte	Ernte	Ernte	Ernte	(Ernte)		
Mini-Gurke		Vorziehen	Vorziehen		Pflanzung		Ernte	Ernte	Ernte	Ernte		
Pflücksalat		Vorziehen	Aussaat	Aussaat, Pflanzung	Aussaat, Ernte, Pflanzung	Aussaat, Ernte, Pflanzung	Aussaat, Ernte, Pflanzung	Aussaat, Ernte, Pflanzung	Aussaat, Pflanzung	Ernte		
Spinat				Aussaat, Ernte	Aussaat, Ernte	Aussaat, Ernte			Aussaat	Aussaat, Ernte	Aussaat, Ernte	

Vorziehen   Aussaat ins Beet   Pflanzung ins Beet   Ernte

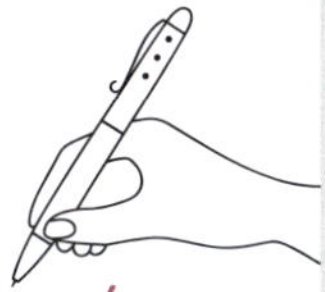

Hier kannst du sie notieren!

Vielleicht hast du schon ein paar Rezeptideen?

Im Monat ______________
will ich das zubereiten:
____
____
____

Im Monat ______________
will ich das zubereiten:
____
____
____

Im Monat ______________
will ich das zubereiten:
____
____
____

Im Monat ______________
will ich das zubereiten:
____
____
____

Beet-Plan 2: das Gemüsebeet

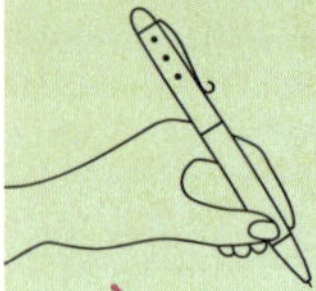

Hake ab, welche Gemüse du ausprobiert hast und bewerte, wie gut es geklappt hat!

Im zweiten Beet-Plan versammelt sich alles, was sich prima in einer Gemüsepfanne machen würde! Auch hier zeigen wir dir zuerst, mit welchen Pflanzen du es zu tun hast, und dann soll es darum gehen, was übers Jahr verteilt konkret zu tun ist.

Du kannst ernten:

Kohlrabi (*Brassica oleracea var. gongylodes*)

Schwierigkeit/Pflegeaufwand:

Kulturdauer: ca. 6–8 Wochen

Wasser:

Nährstoffe:

Sonne:

Ernte: Juni–September

Lagern: 6–8 Wochen bei 5–10 °C

Säen/Pflanzen: ab Februar auf dem Fensterbrett oder März bis Mitte Juni bei nicht unter 12 °C im Beet 0,5 cm tief säen; nach 1–2 Wochen pikieren; vorgezogene Pflanzen zwischen März/April und August in humoses, nicht zu trockenes Substrat auspflanzen, nicht zu tief!

Pflegen: gleichmäßig feucht halten, mulchen; Netz (0,35 mm) gegen Kohlfliege.

Genießen: gekocht, gedünstet, geschmort, Rohkost.

Sorten: ‘Superschmelz’ (groß, zart); ‘Blaro’ (violett).

Knollenfenchel (*Foeniculum vulgare var. azoricum*)

Schwierigkeit/Pflegeaufwand:
Kulturdauer: ca. 3 Monate
Wasser:
Nährstoffe:
Sonne:
Ernte: August–Oktober
Lagern: 6–8 Wochen bei 5–10 °C
Säen/Pflanzen: Ende März auf dem Fensterbrett oder Mitte Mai bis Mitte Juli im Beet 1–2 cm tief; nach 3 Wochen pikieren; vorgezogene Pflanzen im April/Mai in humoses, lockeres Substrat setzen; warmer Standort.
Pflegen: Boden gleichmäßig feucht halten, mulchen. Nicht frisch organisch düngen!
Genießen: gekocht, gedünstet, gegrillt, geschmort, Rohkost.
Sorten: ‘Selma’; ‘Finale’; ‘Romanesco’.

Rote Bete (*Beta vulgaris var. vulgaris*)

Schwierigkeit/Pflegeaufwand:
Kulturdauer: ca. 3–5 Monate
Wasser:
Nährstoffe:
Sonne:
Ernte: Juli–Oktober
Lagern: 5 Monate bei 5–10 °C
Säen/Pflanzen: Ende April bis Juni 2–3 cm tief in humoses, tiefgründiges, lockeres Substrat; nach dem Aufgehen zu dicht stehende Pflanzen vereinzeln. Oder ab Mai Jungpflanzen setzen.
Pflegen: gleichmäßig feucht halten; frühe Aussaat mit Vlies vor Kälte schützen.
Genießen: Suppe, Eintopf, gedünstet, geschmort, Rohkost.
Sorten: ‘Rote Kugel’; ‘Forono’ (länglich); ‘Golden’ (orange).

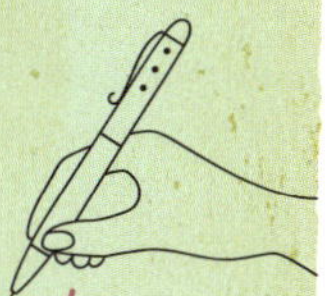

So finde ich das Gemüsebeet:

TIPP

Wintersteckzwiebeln sind robuster, frostunempfindlicher und brauchen weniger Licht als Zwiebeln, die während des Sommers angebaut werden. Sie passen gut an Stellen, an denen zuvor Rote Bete gewachsen ist.

Gemüsezwiebel (*Allium cepa*)

Schwierigkeit/ Pflegeaufwand:

Kulturdauer: ca. 3–5 Monate

Wasser:

Nährstoffe:

Sonne:

Ernte: (April/Mai;) Juni–Oktober

Lagern: 6 Monate bei 5–10 °C

Pflanzen: im März/April ca. 5 cm tief in humoses, durchlässiges, lockeres Substrat stecken; Spitze soll herausschauen. Wintersteckzwiebeln im September/Oktober stecken.

Pflegen: nur bei Trockenheit gießen; Boden lockern; nicht frisch organisch düngen; Netz gegen Zwiebelfliege.

Genießen: Suppe, Soße, Eintopf, Kuchen, Salat, „Zwiebelgrün".

Sorten: ‘Stuttgarter Riesen’; ‘Presto’ (Wintersteckzwiebel).

Tomatillo (*Physalis philadelphica*)

Schwierigkeit/Pflegeaufwand:

Kulturdauer: ca. 5 Monate

Wasser:

Nährstoffe:

Sonne:

Ernte: Juli–September

Säen/Pflanzen: ab Februar/März auf dem Fensterbrett 1–2 cm tief; nach 3 Wochen pikieren; ab Ende Mai tief auspflanzen in humoses, nährstoffreiches Substrat; warmer Standort.

Pflegen: an Stäben ziehen; nicht von oben gießen.

Genießen: Chutney, Salsa („Salsa verde"), Soße, Ratatouille, Gemüsegerichte, Eintopf.

Sorten: ‘Cisneros’ (große, grüne Früchte); ‘Purple’ (Früchte zuerst grün, dann violett).

Gurke (Cucumis sativus)

Schwierigkeit/Pflegeaufwand:
Kulturdauer: ca. 7–8 Wochen
Wasser:
Nährstoffe:
Sonne:
Ernte: Juni–Oktober
Säen/Pflanzen: im April auf dem Fensterbrett oder Ende Mai im Beet 2 cm tief; nach 2–3 Wochen pikieren; vorgezogene Pflanzen ab Ende Mai in gelockertes, humoses, sich leicht erwärmendes Substrat pflanzen.
Pflegen: Jungpflanzen vor Schnecken schützen! Salatgurken an Gittern/Schnüren ziehen; für gleichmäßige Bodenfeuchte sorgen, mulchen.
Genießen: Salat, Rohkost, eingelegt.
Sorten: 'Tanja' (Salatgurke); 'Znaime' (Einlegegurke).

Buschbohne (Phaseolus vulgaris var. nanus)

Schwierigkeit/Pflegeaufwand:
Kulturdauer: ca. 7–8 Wochen
Wasser:
Nährstoffe:
Sonne:
Ernte: Juli–Oktober
Säen/Pflanzen: im April auf dem Fensterbrett oder Mitte Mai bis Juli im Beet 3 cm tief, je 4–6 Samen; vorgezogene Pflanzen ab Mitte Mai in lockeres, humoses Substrat setzen.
Pflegen: Pflanzen an der Stängelbasis mit Erde anhäufeln; nach der Blüte gut feucht halten.
Genießen: gekocht, gedünstet, geschmort. → Nicht roh verwenden.
Sorten: 'Purple Teepee' (violette Schoten); 'Beste von Allen' (gelbe Schoten).

Roh sind die Bohnen giftig!

Rucola (Eruca sativa ssp. sativa)

Schwierigkeit/Pflegeaufwand:
Kulturdauer: ca. 7–8 Wochen
Wasser:
Nährstoffe:
Sonne:
Ernte: Mai–Oktober
Säen: März bis September ins Beet ca. 1 cm tief in lockeres, humoses, nicht zu trockenes Substrat; Folgesaaten alle 2 Wochen möglich.
Pflegen: gleichmäßig feucht halten; für Winterernte Pflanzen mit Vlies oder Reisig abdecken; möglichst nachmittags an sonnigen Tagen ernten.
Genießen: Salat, Pizzabelag, Smoothie, gedünstet.
Sorten: 'Scharfer Wasabi-Rucola'; 'Dragon's Tongue' (rot geadertes Laub).

Dein Jahr mit dem Gemüsebeet

Du kannst ernten:

- ☐ Tomatillo
- ☐ Gurke
- ☐ Knollenfenchel
- ☐ Rote Bete
- ☐ Kohlrabi
- ☐ Buschbohne
- ☐ Rucola
- ☐ Gemüsezwiebel

Nicht vergessen im Frühjahr:

- ◯ vorgezogene Jungpflanzen pikieren
- ◯ Beet bei Minusgraden mit Kälteschutzvlies abdecken
- ◯ rechtzeitig Netze gegen die Zwiebelfliege aufbringen

Frühjahr (März–Mai)

Im März kannst du Tomatillo und Knollenfenchel, im April Gurke und Buschbohne auf dem Fensterbrett vorziehen. Pikiere die Jungpflanzen, sobald sie neben den Keimblättern ein bis zwei weitere Blattpaare haben.

Ab März kannst du Rucola und Kohlrabi, ab April Rote Bete aussäen und Zwiebeln stecken, von März bis Mai Kohlrabi und ab April Knollenfenchel pflanzen. Ab Mai wird Rote Bete gepflanzt.

Buschbohnen werden ab Mitte Mai als vorgezogene Pflanzen gesetzt. Ende Mai dürfen die Jungpflanzen von Tomatillo und Gurke ins Beet und du kannst auch noch Gurken und Buschbohnen direkt aussäen.

→ Falls es noch Minusgrade gibt, decke dein Beet mit einem Kälteschutzvlies ab! Lege aber rechtzeitig Netze gegen die Zwiebelfliege auf.

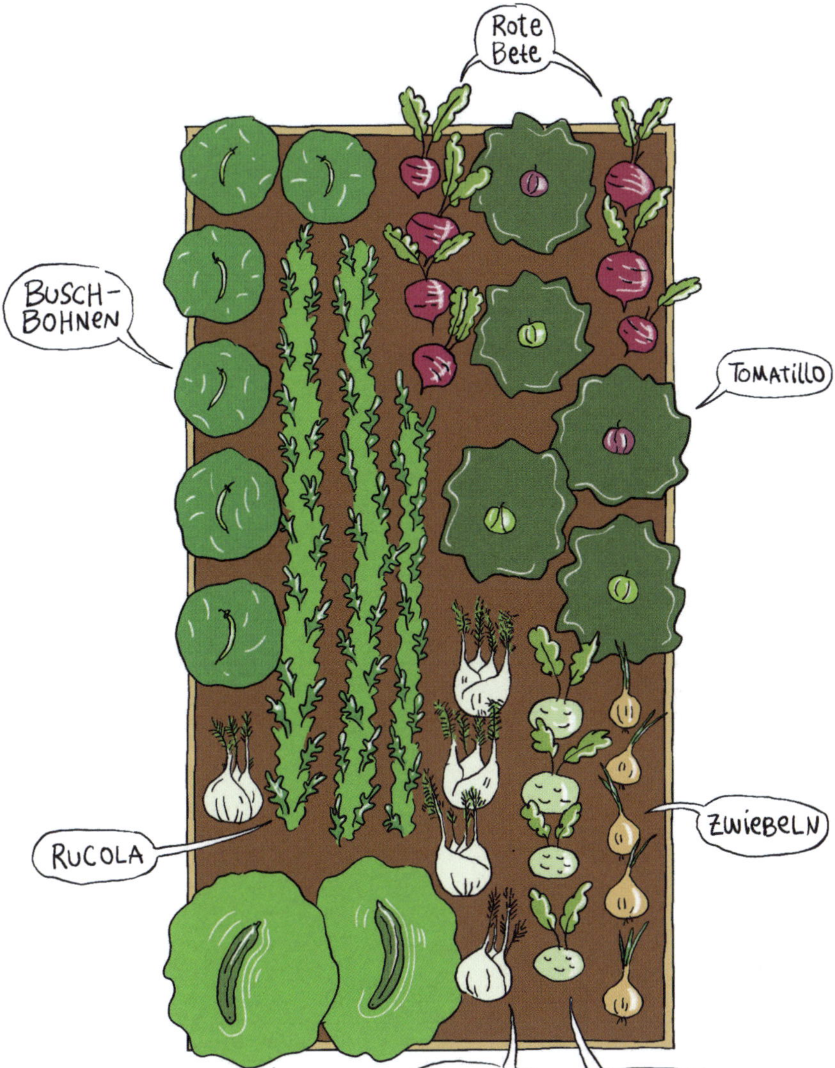
Rote Bete
BUSCH-BOHNEN
TOMATILLO
ZWIEBELN
RUCOLA
GURKE
KNOLLEN-FENCHEL
KOHLRABI

Nicht vergessen im Sommer:

- Stützen für die Tomatillos anbringen
- Buschbonen anhäufeln
- Beet mulchen
- bei Hitze regelmäßig gießen
- Tomatillo und Gurke bei Bedarf düngen

Sommer (Juni–August)

Du kannst Rucola den ganzen Sommer über mehrmals ins Beet säen, Rote Bete bis Juni, Buschbohnen bis Juli, und Kohlrabi kannst du jetzt noch für ein späte Pflanzung (sobald Platz auf dem Beet ist) in Saatschalen vorziehen.

Im Juni kannst du auch noch Rote Bete, im Juni/Juli Knollenfenchel und bis August Kohlrabi pflanzen.

Bringe Stützen für die Tomatillos an und häufle die Buschbohnen an.

Bei Sommerhitze musst du dein Beet ausreichend gießen und am besten mulchen; Gurke und Tomatillo solltest du bei Bedarf düngen.

→ Jetzt kannst du von allen Kulturen auf deinem Beet reichlich ernten!

Nicht vergessen im Herbst/Winter:

- Jungpflanzen für die Winterernte mit Reisig oder Vlies abdecken
- Anbauplan fürs Folgejahr erstellen
- Samenvorräte sichten und auffüllen
- Anzuchtschalen reinigen

Herbst (September–Oktober) & Winter (November–Februar)

Im September kannst du ein letztes Mal Rucola säen; decke die Jungpflanzen für eine Winterernte mit Reisig oder Vlies ab.

Im September/Oktober heißt es Wintersteckzwiebeln stecken.

Mache im Winter einen Anbauplan, sichte deine Samenvorräte und fülle sie ggf. auf.

Ab Februar kannst du Kohlrabi und Tomatillo auf dem Fensterbrett vorziehen; säubere zuvor aber deine Anzuchtschalen!

Aussaat-, Pflanz- und Erntekalender Gemüsebeet

	JAN	FEB	MÄRZ	APR	MAI	JUNI	JULI	AUG	SEP	OKT	NOV	DEZ
Tomatillo		Vorziehen	Vorziehen		Pflanzung ins Beet		Ernte	Ernte	Ernte			
Buschbohne				Vorziehen	Aussaat ins Beet, Pflanzung ins Beet	Aussaat ins Beet	Aussaat ins Beet, Ernte	Ernte	Ernte	Ernte		
Knollenfenchel			Vorziehen	Pflanzung ins Beet	Aussaat ins Beet, Pflanzung ins Beet	Aussaat ins Beet, Pflanzung ins Beet	Aussaat ins Beet, Pflanzung ins Beet	Pflanzung ins Beet, Ernte	Ernte	Ernte		
Kohlrabi		Vorziehen	Aussaat ins Beet, Pflanzung ins Beet	Aussaat ins Beet, Pflanzung ins Beet	Aussaat ins Beet, Pflanzung ins Beet	Aussaat ins Beet, Pflanzung ins Beet, Ernte	Pflanzung ins Beet, Ernte	Pflanzung ins Beet, Ernte	Ernte			
Rote Bete				Aussaat ins Beet	Aussaat ins Beet, Pflanzung ins Beet	Aussaat ins Beet, Pflanzung ins Beet	Ernte	Ernte	Ernte	Ernte		
Gurke				Vorziehen	Aussaat ins Beet, Pflanzung ins Beet	Ernte	Ernte	Ernte	Ernte	Ernte		
Rucola			Aussaat ins Beet	Aussaat ins Beet	Aussaat ins Beet, Ernte	Aussaat ins Beet, Ernte	Aussaat ins Beet, Ernte	Aussaat ins Beet, Ernte	Aussaat ins Beet, Ernte	Ernte		
Zwiebel			Pflanzung ins Beet	Pflanzung ins Beet, (Ernte)	(Ernte)	Ernte	Ernte	Ernte	Pflanzung ins Beet, Ernte	Pflanzung ins Beet, Ernte		

Vorziehen · Aussaat ins Beet · Pflanzung ins Beet · Ernte

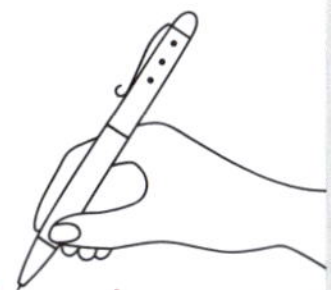

Hier kannst du sie notieren!

Vielleicht hast du schon ein paar Rezeptideen?

Im Monat ____________________
will ich das zubereiten:

____

____

____

Im Monat ____________________
will ich das zubereiten:

____

____

____

Im Monat ____________________
will ich das zubereiten:

____

____

____

Im Monat ____________________
will ich das zubereiten:

____

____

____

Beet-Plan 3: das Kräuterbeet

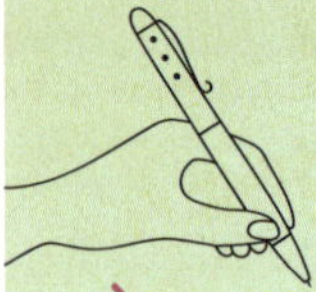

Hake ab, welche Gemüse du ausprobiert hast und bewerte, wie gut es geklappt hat!

Im dritten Beet-Plan geht es um alles, was für die richtige Würze in deiner Küche sorgen kann. Zuerst zeigen wir dir wieder, mit welchen Pflanzen du es zu tun hast, und dann soll es darum gehen, was übers Jahr verteilt konkret zu tun ist.

Du kannst ernten:

Salbei (Salvia officinalis))

Schwierigkeit/Pflegeaufwand:

Kulturdauer: mehrjährig

Wasser:

Nährstoffe:

Sonne:

Ernte: Juni–September

Säen/Pflanzen: ab Februar auf dem Fensterbrett oder Mai im Beet 0,5 cm tief in leichtes, lockeres Substrat; ideal bei 18–22 °C; Jungpflanzen ab April auspflanzen; Vermehrung durch Stecklinge im Sommer.

Pflegen: für guten Wasserabzug sorgen; Rückschnitt im März/April und nach der Blüte um ½ bis ⅓.

Genießen: mediterrane Gerichte, Sauce, Marinade.

Sorten: ‘Berggarten’; ‘Purple Beauty’ (violettes Laub).

Thymian (*Thymus vulgaris*)

Schwierigkeit/Pflegeaufwand:

Kulturdauer: mehrjährig

Wasser:

Nährstoffe:

Sonne:

Ernte: Mai–September

Säen/Pflanzen: ab Februar auf dem Fensterbrett oder April im Beet 0,5 cm tief in leichtes, lockeres Substrat; ideal bei 15–22 °C; vorgezogene Pflanzen ab April auspflanzen; warmer Standort. Vermehrung auch durch Stecklinge im Sommer.

Pflegen: für guten Wasserabzug sorgen; in kälteren Lagen Reisigabdeckung als Winterschutz.

Genießen: Pasta-, Kartoffel-, Fleischgerichte, Soße.

Sorten: 'Orange Spice' (Orangen-/Zitronenaroma).

Rosmarin

(*Salvia rosmarinus ehem. Rosmarinus officinalis*)

Schwierigkeit/Pflegeaufwand:

Kulturdauer: mehrjährig

Wasser:

Nährstoffe:

Sonne:

Ernte: Mai–September

Pflanzen: ab Mitte Mai gekaufte bzw. im Haus überwinterte Pflanzen ins Beet setzen. Vermehrung auch durch Stecklinge im Sommer.

Pflegen: Nur in milden Gegenden frosthart, sonst im Haus überwintern (hell, 6–10 °C). Auch winterharte Sorten in den ersten 1–2 Jahren im Haus überwintern.

Genießen: Fisch-, Fleisch-, Kartoffel-, Pasta-, mediterrane Gerichte.

Sorten: 'Arp' (bis –22 °C winterfest).

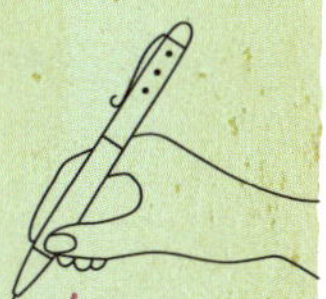

So finde ich das Kräuterbeet:

Am aromatischsten während der Blüte.

Oregano (Origanum vulgare)

Schwierigkeit/Pflegeaufwand: ✂

Kulturdauer: mehrjährig

Wasser: 💧

Nährstoffe: ✚

Sonne: ☀

Ernte: Juli–September

Säen/Pflanzen: April bis Mai 0,5 cm tief; oder ab April Jungpflanzen in leichtes, lockeres Substrat setzen; warmer Standort. Vermehrung durch Wurzelausläufer im Mai.

Pflegen: Staunässe vermeiden; im März/April Rückschnitt dicht über dem Boden.

Genießen: Nudel-, Pizza-, Fleischgerichte, Eintopf, Würzmischungen.

Sorten: 'Aureum' (gelbgrünes Laub).

Petersilie (Petroselinum crispum)

Schwierigkeit/Pflegeaufwand: ✂✂

Kulturdauer: 8 Wochen

Wasser: 💧

Nährstoffe: ✚✚

Sonne: ☀☁

Ernte: (Januar–April;) Mai–November(/Dezember); kann im Winter mit Vlies abgedeckt und weiter geerntet werden; im 2. Jahr nach der Blüte nicht mehr ernten.

Säen/Pflanzen: Ende April bis August 0,5–1 cm tief in humoses, lockeres Substrat; 15–20 °C ideal; Keimung oft erst nach 3–4 Wochen. Oder ab April pflanzen.

Pflegen: Saat gleichmäßig feucht halten.

Genießen: Suppe, Pesto, Smoothie.

Sorten: 'Afrodite' (gekraust); 'Laura' (glatt).

Nach der Blüte nicht mehr verzehren!

Basilikum (Ocimum basilicum)

Schwierigkeit/ Pflegeaufwand:
Kulturdauer: 6–8 Wochen
Wasser:
Nährstoffe:
Sonne:
Ernte: Juni–September
Säen: März bis Mai auf dem Fensterbrett oder Mitte Mai im Beet 0,5 cm tief in humoses, sandig-lehmiges Substrat; ideal bei 18–25 °C; nach 2–3 Wochen vereinzeln; vorgezogene Pflanzen ab Mai auspflanzen; warmer Standort.
Pflegen: vor Schnecken schützen!
Genießen: Salat, Suppe, Soße, Pasta, Aufstrich, Pesto, Kräuterbutter.
Sorten: 'Opal' (rotlaubig); 'Lemon' (Zitronenaroma); 'Genoveser' (besonders aromatisch).

Winterhart – kann im Beet bleiben für eine weitere Ernte im nächsten Jahr.

Schnittlauch (Allium schoenoprasum)

Schwierigkeit/ Pflegeaufwand:
Kulturdauer: 6–8 Wochen
Wasser:
Nährstoffe:
Sonne:
Ernte: April–November
Säen/Pflanzen: ab April 1–2 cm tief in humoses, ausreichend feuchtes Substrat oder Jungpflanzen setzen oder kräftige, ältere Pflanzen teilen.
Pflegen: regelmäßig schneiden, damit junge Halme nachwachsen.
Genießen: Quark-, Eiergerichte, Salat, Suppe, Kräuterbutter; Blüten essbar.
Sorten: 'Elbe' (robust); 'Staro' (wüchsig).

Winterhart!

Schnittknoblauch (Allium tuberosum)

Schwierigkeit/ Pflegeaufwand:
Kulturdauer: 6–8 Wochen
Wasser:
Nährstoffe:
Sonne:
Ernte: Juni–Oktober
Säen/Pflanzen: Mitte Februar bis Mai auf dem Fensterbrett oder April bis August im Beet 0,5 cm tief; vorgezogene Pflanzen nach 6 Wochen auspflanzen in humoses, lockeres, gleichmäßig feuchtes Substrat; Keimdauer bis zu 3 Wochen bei 18–20 °C. Oder ab April Jungpflanzen setzen. Im Herbst/Frühjahr teilen.
Genießen: Aufstrich, Suppe, Soße, Pesto; Blüten essbar.
Sorten: 'Monstrosum' (bis 80 cm).

wie Knoblauch

Dein Jahr mit dem Kräuterbeet

Du kannst ernten:

- ☐ Petersilie
- ☐ Schnittlauch
- ☐ Schnitt-knoblauch
- ☐ Basilikum
- ☐ Thymian
- ☐ Oregano
- ☐ Salbei
- ☐ Rosmarin

Nicht vergessen im Frühjahr:

- ○ überwinterten Salbei und Oregano kürzen
- ○ bei Minusgraden Kälteschutzvlies aufbringen

Frühjahr (März–Mai)

Ab März kannst du Basilikum und Schnittknoblauch am Fensterbrett vorziehen.
Kürze im März/April draußen überwinterten Salbei um etwa ½ bis ⅓ und Oregano bodennah.
Ab April kannst du Petersilie, Schnittlauch und Schnittknoblauch säen, im April ältere Schnittlauch- und Schnittknoblauchpflanzen teilen und neu einsetzen sowie Oregano, Salbei, Thymian, Petersilie, Schnittlauch pflanzen.
Im Haus überwinterter Rosmarin darf im Mai hinaus.
Von Mitte Mai bis Juni kannst du Basilikum ins Beet säen oder vorgezogene/gekaufte Pflanzen ins Beet setzen.

→ Falls es noch Minusgrade gibt, schütze die Kräuter mit Kälteschutzvlies!

PETERSILIE
ROSMARIN
BASILI-
KUM
OREGANO
THYMIAN
SCHNITT-
KNOBLAUCH
SCHNITT-
LAUCH
SALBEI

Nicht vergessen im Sommer:

- ◯ bei Hitze ausreichend gießen
- ◯ Salbei, Oregano und Thymian um die Hälfte zurückschneiden
- ◯ Beet mulchen

Sommer (Juni–August)

Bis Juni kannst du Basilikum, bis August Petersilie, Schnittlauch, Schnittknoblauch säen. Jungpflanzen von allen Kräutern kannst du den ganzen Sommer über ins Beet setzen. Wichtig: Frisch eingesetzte Kräuter bei Hitze ausreichend gießen!

Erntest du Salbei, Oregano, Thymian nur sparsam, dann schneide sie im Sommer trotzdem einmal um etwa die Hälfte zurück, dann bleiben die Pflanzen kompakt. Nutze das zerkleinerte Schnittgut direkt und mulche damit rund um die Kräuter.

→ Jetzt kannst du von allen Kräutern auf deinem Beet regelmäßig ernten. Oregano ist im Juli/August am aromatischsten.

Nicht vergessen im Herbst/Winter:

- ◯ Petersilie, Schnittlauch und Schnittknoblauch zurückschneiden
- ◯ Beet mit Laub oder Reisig abdecken
- ◯ vor Bodenfrost Teil des Schnittlauchs ausgraben und lagern
- ◯ Anbauplan fürs Folgejahr erstellen
- ◯ Samenvorräte sichten und auffüllen

Herbst (September–Oktober) & Winter (November–Februar)

Im Oktober kannst du ältere Pflanzen von Schnittlauch und Schnittknoblauch teilen und neu einsetzen. Schneide ab Oktober Petersilie, Schnittlauch und Schnittknoblauch aus der zurückliegenden Saison zurück und decke dein Beet mit Laub oder Reisig ab, dann kannst du – je nach Wetter – auch im Winter oder zeitigen Frühjahr ernten. Bevor der Boden gefriert, grabe einen Teil vom Schnittlauch aus und lagere ihn bis etwa Mitte Dezember trocken und luftig im Freien. Topfe ihn dann ein, gieße ihn an, hol ihn ins Haus und stell ihn warm und hell. Bald wird die Pflanze treiben – und du kannst im Winter frischen Schnittlauch ernten!

Mache im Winter einen Anbauplan, sichte deine Samenvorräte und fülle sie ggf. auf.

Ab Mitte Februar kannst du schon wieder Schnittknoblauch vorziehen.

Aussaat-, Pflanz- und Erntekalender Kräuterbeet

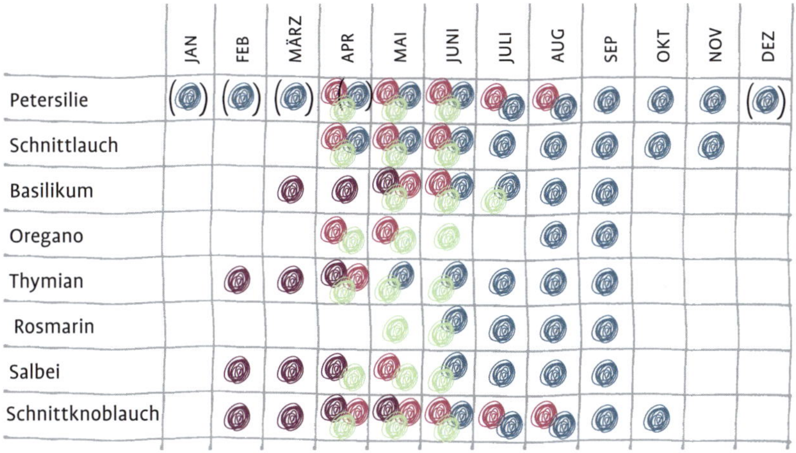

Vorziehen Aussaat ins Beet Pflanzung ins Beet Ernte

Vielleicht hast du schon ein paar Rezeptideen?

Im Monat ______________________
will ich das zubereiten:

____

____

____

Im Monat ______________________
will ich das zubereiten:

____

____

____

Im Monat ______________________
will ich das zubereiten:

____

____

____

Im Monat ______________________
will ich das zubereiten:

____

____

____

Beet-Plan 4: das Winterbeet

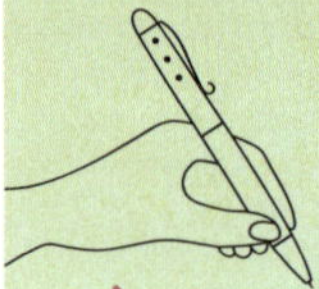

Hake ab, welche Gemüse du ausprobiert hast und bewerte, wie gut es geklappt hat!

Zum Schluss stellen wir dir noch zwei Arten Winterbeet vor: mit und ohne Beet-Abdeckung. Mit einer Winterabdeckung, die auch als Frühbeet-Aufsatz fungiert, kannst du die verschiedenen Erntefenster erheblich ausweiten. Ohne Abdeckung ist es wichtig, dass du winterfeste Gemüsearten pflanzt.

Du kannst ernten:

Hohe Sorten stützen.

Grünkohl (Brassica oleracea var. sabellica)

Schwierigkeit/Pflegeaufwand:

Kulturdauer: ca. 5–6 Monate

Wasser:

Nährstoffe:

Sonne:

Ernte: Oktober–Februar

Säen/Pflanzen: ab Mai auf dem Fensterbrett oder Mai/Juni im Beet 1–2 cm tief bei 15–20 °C; nach 1–2 Wochen pikieren; vorgezogene Pflanzen Mai-Juli in etwas lehmiges, humoses Substrat auspflanzen.

Pflegen: regelmäßig wässern; Jungpflanzen anhäufeln; nach dem ersten Frost ernten.

Genießen: Auflauf, Eintopf, Salat, Chips.

Sorten: 'Lerchenzungen' (mittelhoch); 'Altmärker Braunkohl' (hoch, violett); 'Afro' (niedrig).

Rosenkohl (*Brassica oleracea var. gemmifera*)

Schwierigkeit/Pflegeaufwand:

Kulturdauer: ca. 5 Monate

Wasser:

Nährstoffe:

Sonne:

Ernte: September–Februar

Säen/Pflanzen: im April auf dem Fensterbrett bis Mai im Beet 1–2 cm tief bei 15–20 °C; nach 2 Wochen pikieren; vorgezogene Pflanzen April-Juni in nicht zu leichtes, humoses Substrat auspflanzen.

Pflegen: Boden gleichmäßig feucht halten. Nicht zu viel Stickstoff!

Genießen: Suppe, Auflauf, Eintopf.

Sorten: 'Nelson' (Herbstsorte); 'Hilds Ideal' (Wintersorte); 'Falstaff' (violett, Wintersorte).

TIPP

Rosenkohl kannst du auch etappenweise ernten. Statt von einer einzelnen Pflanze alle Rosenkohlröschen zu nehmen, die zwangsläufig unterschiedlich groß sind, ernte parallel von mehreren Pflanzen unten beginnend jeweils einen Teil der Röschen. So erhältst du gleichmäßigeres Kochgut.

Lauch (*Allium porrum*)

Schwierigkeit/Pflegeaufwand:

Kulturdauer: ca. 4–6 Monate

Wasser:

Nährstoffe:

Sonne:

Ernte: ganzjährig

Lagerfähig: 2 Monate bei 5–10 °C

Säen/Pflanzen: Februar bis Mai auf dem Fensterbrett oder April bis Juni im Beet 1 cm tief bei 20–25 °C; nach 2–3 Wochen pikieren; vorgezogene Pflanzen zwischen April und Juli (August) in tiefgründiges, humoses Substrat auspflanzen.

Pflegen: regelmäßig wässern; Jungpflanzen anhäufeln; Netz gegen Gemüsefliegen.

Genießen: Suppe, Auflauf, Gratin, Rohkost.

Sorten: 'Hilari' (Sommerernte); 'Siegfried' (Herbsternte); 'Atlanta' (Winterernte).

Löffelkraut *(Cochlearia officinalis)*

Schwierigkeit/Pflegeaufwand:
Kulturdauer: ca. 4 Monate
Wasser:
Nährstoffe:
Sonne:
Ernte: ganzjährig
Säen: im April/Mai oder August/September ca. 1 cm tief in humoses, nicht zu leichtes, Substrat; gut wässern, Saat bis zum Aufgehen der Pflänzchen nicht austrocknen lassen; nach 2–3 Wochen vereinzeln.
Pflegen: regelmäßig von Unkraut befreien; ab Mitte Dezember mit Vlies oder Reisig abdecken.
Genießen: Salat, Kartoffel-, Quark-, Eiergerichte, Smoothie.

Nicht im gefrorenen Zustand ernten!

Winterkopfsalat *(Lactuca sativa var. capitata)*

Schwierigkeit/Pflegeaufwand:
Kulturdauer: 8–10 Wochen
Wasser:
Nährstoffe:
Sonne:
Ernte: (März/)April–Mai
Säen/Pflanzen: im August/September 0,5 cm tief in lockeres, humoses Substrat; nicht vereinzeln – dicht stehende Pflanzen sind frosthärter. Oder Jungpflanzen im Oktober setzen – tiefer als sonst bei Salat üblich.
Pflegen: bei Frost mit Gartenvlies schützen.
Genießen: Salat.
Sorten: 'Baquieu' (grün–rot); 'Wintermarie' (rötlich); 'Winterbutterkopf' (gelbgrün).

Frostfest, stellt aber bei unter 4 °C Wachstum ein.

Winterportulak *(Claytonia perfoliata)*

Schwierigkeit/Pflegeaufwand:
Kulturdauer: 6–8 Wochen
Wasser:
Nährstoffe:
Sonne:
Ernte: November–April
Säen: im September/Oktober bis Februar 0,5 cm tief in lockeres, feinkrümeliges Substrat; keimt bei Temperaturen unter 12 °C; nach 2 Wochen zu dicht stehende Pflanzen evtl. vereinzeln.
Pflegen: gleichmäßig feucht halten; Herzblätter stehen lassen – kann dann mehrmals geerntet werden.
Genießen: Salat, Smoothie, blanchiert wie Spinat.

Asia-Salat *(Brassica campestris)*

Schwierigkeit/Pflegeaufwand:

Kulturdauer: 3–8 Wochen

Wasser:

Nährstoffe:

Sonne:

Ernte: April/Mai und September–Dezember vor der Blüte.

Säen/Pflanzen: März/April und Juli bis September 0,5–1 cm tief in humoses, nicht zu trockenes Substrat; nach 1–2 Wochen zu dicht stehende Pflanzen vereinzeln. Oder April bis Anfang August Jungpflanzen setzen.

Pflegen: regelmäßig mulchen, hacken.

Genießen: Salat, Smoothie.

Sorten: 'Mizuna' (mild); 'Red Giant' (leicht scharf, rot); 'Wasabino' (scharf); 'Agano' (Baby-Leaf).

Feldsalat *(Valerianella locusta)*

Schwierigkeit/Pflegeaufwand:

Kulturdauer: 5–10 Wochen

Wasser:

Nährstoffe:

Sonne:

Ernte: September–März

Säen: Juli/August bis September 0,5–1 cm tief in lockeres, feinkrümeliges Substrat; nach 3 Wochen zu dicht stehende Pflanzen vereinzeln.

Pflegen: regelmäßig von Unkraut befreien, insbesondere nochmals vor der Überwinterung; ab Mitte Dezember mit Vlies oder Reisig abdecken.

Genießen: Salat, Smoothie.

Sorten: 'Palace' (ganzjährige Ernte); 'Vit' und 'Elan' (Herbst-/Wintersorten).

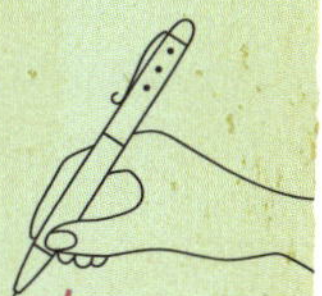

So finde ich das Winterbeet:

Dein Jahr mit dem Winterbeet – und einer Abdeckung

Du kannst ernten:

- ☐ Feldsalat
- ☐ Winterkopfsalat
- ☐ Löffelkraut
- ☐ Winterportulak
- ☐ Asia-Salat

Nicht vergessen im Frühjahr:

- ○ Beet-Abdeckung öffnen, sobald es wärmer wird

Frühjahr (März–Mai)

Ab März/April kannst du Asia-Salat säen und im April/Mai Löffelkraut, ab April Asia-Salat pflanzen.
Im März kann letzter Feldsalat geerntet werden, vielleicht schon ab März, aber auf jeden Fall ab April Winterkopfsalat.

→ Sobald die Temperaturen steigen, solltest du deine Beet-Abdeckung öffnen!

Sommer (Juni–August)

Im Juli/August kannst du Feldsalat und Asia-Salat säen, ab August Winterkopfsalat und Löffelkraut.

Herbst (September–Oktober) & Winter (November–Februar)

Auch im September kannst du noch Winterkopfsalat, Feldsalat, Asia-Salat und Löffelkraut aussäen. Je eher du mit der Aussaat beginnst, desto weiter entwickelt sind die Pflänzchen zu Anfang der kalten Jahreszeit. Vor Beginn längerer Kälteperioden sollten sie zwei bis drei Blattpaare gebildet haben.

Ab September und bei Nachttemperaturen unter 12 °C kannst du Winterportulak aussäen; weitere Saaten sind bis Februar möglich.

→ Die Abdeckung solltest du je nach Wetter, Temperatur und angestrebtem Erntezeitpunkt öffnen oder aber schließen.

Nicht vergessen im Herbst/Winter:

- [ ] je nach Wetter und angestrebtem Erntezeitpunkt die Beet-Abdeckung immer wieder öffnen und schließen

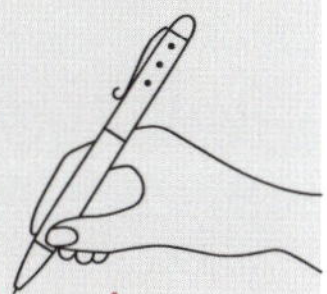

Hier kannst du sie notieren!

Vielleicht hast du schon ein paar Rezeptideen?

Im Monat ____________________
will ich das zubereiten:
____
____
____

Im Monat ____________________
will ich das zubereiten:
____
____
____

Im Monat ____________________
will ich das zubereiten:
____
____
____

Im Monat ____________________
will ich das zubereiten:
____
____
____

Dein Jahr mit dem Winterbeet – ohne Abdeckung

Du kannst ernten:

- [ ] Rosenkohl
- [ ] Grünkohl
- [ ] Lauch
- [ ] Löffelkraut

Nicht vergessen im Frühjahr:

- [ ] prüfe frühzeitig, ob du ins Beet säen kannst oder dein Gemüse vorziehen musst

Frühjahr (März–Mai)

Ab April kannst du Löffelkraut und Lauch ins Beet säen. Lauch kannst du auch bis Mai vorziehen und danach einpflanzen. Manche Lauchsorten können schon im April geerntet werden.

Rosenkohl kannst du im April vorziehen oder alternativ ab Mai direkt ins Beet säen.

Ab Mai kannst du Grünkohl vorziehen oder Jungpflanzen ins Beet setzen, Ende April vorgezogenen Winterlauch und Rosenkohl pflanzen.

Sommer (Juni–August)

Den ganzen Sommer über kannst du Winterkopfsalat säen, bis Juni noch Grünkohl und Lauch, im Juni Rosenkohl. Im Juni kannst du Rosenkohl auch noch pflanzen, und Lauch solltest du jetzt anhäufeln.

Bis Juli kannst du noch Grünkohl und Lauch pflanzen und je nach Sorte auch schon ernten.

Herbst (September–Oktober) & Winter (November–Februar)

Du kannst den ganzen Herbst und Winter über Lauch, Grünkohl, Rosenkohl und Löffelkraut ernten. Bedecke den Boden unter den Pflanzen mit Stroh, dann gefriert er nicht so schnell und du tust dich beim Ernten nicht so schwer (gilt vor allem für Lauch!). Löffelkraut kannst du – aus dem selben Grund – sogar ganz mit Reisig abdecken.

Ab Februar kannst du Lauch vorziehen.

> **Nicht vergessen im Herbst/Winter:**
>
> - ○ vor dem ersten Bodenfrost den Boden unter den Pflanzen mit Stroh bedecken
> - ○ Löffelkraut mit Reisig abdecken

Aussaat-, Pflanz- und Erntekalender (Beide) Winterbeete

	JAN	FEB	MÄRZ	APR	MAI	JUNI	JULI	AUG	SEP	OKT	NOV	DEZ
Feldsalat	Ernte	Ernte	Ernte				Aussaat ins Beet	Aussaat ins Beet	Aussaat ins Beet, Ernte	Ernte	Ernte	Ernte
Winterportulak	Aussaat ins Beet, Ernte	Aussaat ins Beet, Ernte	Ernte	Ernte					Aussaat ins Beet	Aussaat ins Beet	Aussaat ins Beet, Ernte	Aussaat ins Beet, Ernte
Löffelkraut	Ernte	Ernte	Ernte	Aussaat ins Beet, Ernte	Aussaat ins Beet, Ernte	Ernte	Ernte	Aussaat ins Beet, Ernte	Aussaat ins Beet, Ernte	Ernte	Ernte	Ernte
Asia-Salat			Aussaat ins Beet	Aussaat ins Beet, Pflanzung ins Beet, Ernte	Pflanzung ins Beet, Ernte	Pflanzung ins Beet	Aussaat ins Beet, Pflanzung ins Beet	Aussaat ins Beet, Pflanzung ins Beet	Aussaat ins Beet, Ernte	Ernte	Ernte	Ernte
Lauch	Ernte	Vorziehen, Ernte	Vorziehen, Ernte	Vorziehen, Aussaat ins Beet, Pflanzung ins Beet, Ernte	Vorziehen, Aussaat ins Beet, Pflanzung ins Beet, Ernte	Aussaat ins Beet, Pflanzung ins Beet, Ernte	Pflanzung ins Beet, Ernte	(Pflanzung ins Beet), Ernte	Ernte	Ernte	Ernte	Ernte
Rosenkohl	Ernte	Ernte		Vorziehen, Pflanzung ins Beet	Aussaat ins Beet, Pflanzung ins Beet	Pflanzung ins Beet			Ernte	Ernte	Ernte	Ernte
Grünkohl	Ernte	Ernte			Vorziehen, Pflanzung ins Beet	Aussaat ins Beet, Pflanzung ins Beet	Aussaat ins Beet, Pflanzung ins Beet			Ernte	Ernte	Ernte
Winterkopfsalat			(Ernte)	Ernte	Ernte			Aussaat ins Beet	Aussaat ins Beet	Pflanzung ins Beet		

Vorziehen · Aussaat ins Beet · Pflanzung ins Beet · Ernte

Gießen & Bewässerung im Urlaub

Zu den wichtigsten Pflegearbeiten an deinem Hochbeet während der Wachstumszeit im Sommer gehört neben dem regelmäßigen Auslichten und Ableiten (→ Seite 104) das bedarfsgerechte Gießen – und zwar auch, wenn du in den Urlaub fährst. Wunderbar, wenn du nette Nachbarn hast, die dein Beet versorgen und zum Ausgleich dafür auch ernten dürfen – aber was, wenn die zeitgleich im Urlaub sind?

Gießen – aber richtig!

Gerade am Anfang solltest du dein Beet regelmäßig besuchen und überprüfen, ob alles passt. Neu angelegte und befüllte Hochbeete entfalten oftmals eine verstärkte Drainagewirkung – das heißt: Regenwasser fließt schnell ungenutzt ab. Um ein Gefühl dafür zu bekommen, ob deine Pflanzen genügend zu trinken haben, reicht meistens der Fingertest: Ist die Erde feucht, dann musst du nicht gießen.
Gieße nach Möglichkeit morgens und halte das Blattwerk insbesondere von Tomaten trocken, um Pilzbefall zu vermeiden. Wassermenge und Häufigkeit richten sich nach der Bodenstruktur (Drainagewirkung), der Wurzelbildung deiner Pflanzen und dem Wetter.

TIPP

Damit in deinem Beet Wasser nicht ungenutzt abfließt, achte bereits bei der Befüllung auf das richtige Material: Nimm feineres und verdichte es. Oder bring leicht lehmige Schichten ein – die verringern den Wasserabzug. Um Gießaufwand und Wasserbedarf zu verringern, hat sich auch Mulchen bewährt (→ Seiten 108–109). Die Bedeckung beschattet den Boden und verhindert oberflächliches Austrocknen. Die Bodenorganismen müssen sich dann nicht so weit in die Tiefe zurückziehen und können ihrer hilfreichen Tätigkeit stressfrei nachgehen.

Automatisierte Bewässerungs-systeme

Für eine langfristige Bewässerung gibt es im Fachhandel zahlreiche automatisierte Systeme, wie zum Beispiel eine „Tröpfchenbewässerung“. Wenn du dich für ein solches System entscheidest, dann solltest du allerdings seine Funktion über einen längeren Zeitraum mit unterschiedlichen Wetterlagen überprüfen, bevor du verreist.

Video zu Ollas:

Bewässerungs-„Töpfe“

„Ollas“ (spanisch: Töpfe) wurden in Spanien früher vorwiegend zur Bewässerung von Gärten in Wüstengebieten genutzt. Diese bauchigen, porösen, unglasierten Töpfe oder Flaschen aus einfach gebranntem Ton werden so tief in die Erde eingegraben, dass nur noch der Hals mit der Öffnung herausschaut. Dort füllt man Wasser hinein, welches durch das wasserdurchlässige Material langsam ins umgebende Erdreich sickert. Mit zwei bis drei Ollas, die jeweils etwa 5–10 l Wasser fassen (Durchmesser je nach Kegelform zwischen 20 und 26 cm), kannst du im Normalfall eine Hochbeet-Fläche von einem Quadratmeter bewässern.

BAU DIR DEINE EIGENEN OLLAS!

Diese Seite
als Download:

Selberbauen ist preisgünstiger als kaufen, also worauf wartest du noch?

Du brauchst für 1 Olla:

- [ ] 2 herkömmliche Blumentöpfe aus unglasiertem Ton in zwei verschiedenen Durchmessern
- [ ] 1 Korken
- [ ] etwas Zement
- [ ] 1 flachen Untersetzer oder Stein

Nicht zu klein!

So wird's gemacht:

→ Verschließe beim größeren Topf das Abzugsloch mit einem Korken und dichte es zusätzlich mit Zement ab.

→ Stecke den etwas kleineren Topf kopfüber in den anderen hinein, sodass seine Bodenfläche mit dem Abzugsloch nach oben zeigt.

→ Verbinde die beiden Töpfe mit Zement und lass diesen aushärten – fertig!

→ Grabe deine fertige Olla im Hochbeet zwischen den Pflanzen fast vollständig ein. Es dürfen nur etwa 3–4 cm über die Bodenoberfläche hinausragen, damit das offene Loch nicht mit Erde zugeschüttet wird.

→ Fülle durch dieses Loch mit Gartenschlauch oder Gießkanne Wasser ein.

→ Leg einen flachen Untersetzer oder Stein darüber, dann fallen keine Insekten hinein.

Da Ollas nicht frosthart sind, musst du sie vor dem Winter wieder ausgraben.

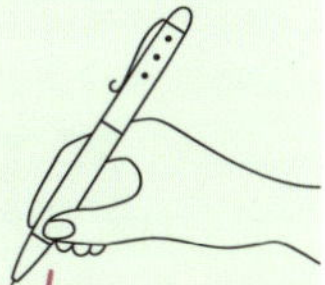

Trage ein, wie viel Material du brauchst!

Einkaufszettel:

Bauen will ich: ☐ Ollas

Dafür brauche ich:

- ☐ Blumentöpfe mit Durchmesser ____ cm
- ☐ Blumentöpfe mit Durchmesser ____ cm
- ☐ Korken
- ☐ Untersetzer
- ☐ Zement

CHECKLISTE

Vor dem Urlaub …

- ☐ Ollas in ausreichender Anzahl und in der richtigen Tiefe ins Beet setzen.
- ☐ die Ollas randvoll füllen und jeweils die Öffnung abdecken.
- ☐ das gesamte Hochbeet ausgiebig wässern.

TIPP

Wenn du länger verreisen willst oder aus anderen Gründen nicht gießen kannst, dann bitte sicherheitshalber einen Nachbarn, die Bewässerung zu übernehmen (Ernte zum Ausgleich für die Hilfe ist ein schönes Prinzip). Ollas reduzieren aber auch für den freundlichen Helfer der Zeitaufwand.

Wie lange das Wasser im Topf letztlich ausreicht, hängt natürlich vom Wetter ab.

Ableiten und Auslichten

Auslichten und Ableiten ist wichtig, damit sich deine Pflanzen nicht gegenseitig bedrängen und nicht um Licht und Nährstoffe konkurrieren.

Den Platz im Beet optimal nutzen

Du willst deine Jungpflanzen dicht setzen, um den begrenzten Platz optimal zu nutzen? Dann setze wüchsige Pflanzen wie Zucchini oder Kürbis an den Beet-Rand. Mit Rankhilfen oder in die Erde gesteckten Stöcken kannst du ihren Wuchs zudem lenken und ihr üppiges Blattwerk nach oben bzw. außen hin ableiten, damit sie anderen Pflanzen nicht das Licht nehmen. Alles, was an Blattwerk und Trieben ohne Früchte zu dicht ist, solltest du zudem immer wieder mal auslichten, so schwer es dir auch fallen mag! Sonst bekommen die Einzelpflanzen zu wenig Licht und Pilzerkrankungen haben leichtes Spiel. Wird es zu eng, müssen manchmal auch ganze Jungpflanzen weichen bzw. auf eine andere Fläche umziehen.

Auch Zuckerschoten und Bohnen lassen sich in die Höhe leiten.

Dieses Material für Pflanzenstützen habe ich bereits:

Geeignetes Material für Pflanzenstützen

Pflanzenstützen sind super, um einzelne Triebe oder sogar ganze Pflanzen zu stabilisieren, da du die Schlaufenweite individuell anpassen kannst. Für die Stütze selbst eignet sich grundsätzlich jedes Holz; Lärche oder Eiche sind jedoch haltbarer als beispielsweise Hasel. Als Material für die Schlaufen hat frischer Bambus den Vorteil, dass er sich gut bearbeiten lässt und zunächst schön biegsam ist, dann aber gut aushärtet und seine Form behält. Die innere Spannung des Bambus hält ihn im Loch der Stütze und er muss nicht zusätzlich fixiert werden. Anstelle von Bambus kannst du auch Weide, Hasel oder Schneeball verwenden.

Trockener Bambus aus dem Baumarkt eignet sich nicht!

BAU DIR RANKHILFEN UND PFLANZENSTÜTZEN!

Diese Seite als Download:

Selberbauen ist preisgünstiger als kaufen und erlaubt maßgeschneiderte Lösungen für einen Garten, also worauf wartest du noch?

Du brauchst:

- ☐ etwa handgelenkstarke Äste von Hasel, Ahorn o. Ä.
- ☐ frische Bambuszweige (Durchmesser 6–12 mm)
- ☐ Gartenschere
- ☐ scharfes Messer zum Schnitzen und Entrinden
- ☐ Akkubohrmaschine mit verschieden Bohraufsätzen
- ☐ ggf. Holzsenker zum Anfasen der Bohrungen

etwas dicker als der Durchmesser deiner Bambuszweige

So wird's gemacht:

→ Schneide einen der knapp handgelenkdicken Äste auf die gewünschte Länge.

→ Entrinde den Ast (das erhöht die Haltbarkeit) und spitze ihn an einem Ende an.

→ Entblättere den Bambus und schneide ihn am dickeren Ende knapp oberhalb einer Verdickung (Nodie) schräg ab.

→ Bohre ins obere Ende der Stütze quer ein Loch (etwas dicker als der Durchmesser deines Bambuszweigs) und fase es leicht an.

→ Fädele den Bambus in die Bohrung ein.

Geht mit dem Messer.

Anfasen bedeutet, die scharfe Kante eines Werkstücks schräg abzuschneiden, so dass eine abgeschrägte Fläche, eine sogenannte Fase, entsteht.

→ Biege den Bambus so um, dass er quer zur Stütze an dieser vorbeigeht; zeichne am Kreuzungspunkt die zweite Bohrung an, knapp unterhalb des ersten Lochs.
→ Bohre das zweite Loch (Durchmesser etwas größer als der dünnere Bambusabschnitt) und fase es leicht an.
→ Fädele das dünnere Bambusende ein – die Schlaufe ist fertig.

Einkaufszettel:

Bauen will ich:

☐ Rankhilfen von ____ cm Höhe

Dafür brauche ich:

☐ Stützhölzer von ____ cm Länge
☐ Zweige frischen Bambus von ____ cm Länge

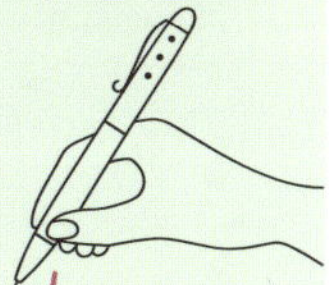

Trage ein, wie viel Material du brauchst!

TIPP

Wenn du deine Stützen nicht mehr brauchst, solltest du sie herausziehen und trocken lagern, damit sie sich länger halten. Du kannst sie aber auch ruhig unter einem Dachvorsprung aufhängen – ein wenig Regen schadet nicht, wenn sie immer wieder trocknen können.

Mulchen & Hacken

Als Mulchmaterial eignen sich ...

- angetrockneter Grasschnitt,
- samenlose Unkräuter,
- Heu,
- Stroh,
- Laub,
- Schnittmaterial von Kräutern und Stauden,
- halb verrotteter Kompost.

Piekendes, trockenes Stroh behindert außerdem Schnecken bei ihrer ungeliebten Arbeit.

Willst du gleichzeitig Gießwasser einsparen und den hilfreichen Bodenlebewesen in deinem Hochbeet optimale Bedingungen bieten, damit dein Gemüse prächtig wächst? Dann empfehlen wir dir eine Kombination von Mulchen und Hacken. Diese traditionellen Kulturtechniken sind nach wie vor einfach UND sehr wirkungsvoll.

Hacken statt Gießen?

„Einmal hacken spart dreimal gießen", so sagen erfahrene Gärtnerinnen und Gärtner. Wenn nämlich das Substrat in deinem Hochbeet schön locker und durchlüftet bleibt, nimmt es Regen- und Gießwasser besser auf und das Wasser gelangt leichter an die Wurzeln der Pflanzen. Darüber hinaus verhindert regelmäßiges Lockern und Hacken, dass Feuchtigkeit aus tieferen Bodenschichten nach oben steigt und dort verdunstet. Ein weiteres Plus: Beim Hacken entfernst du ganz nebenbei aufgehendes Unkraut, das sonst mit deinem Gemüse um Wasser und Nährstoffe konkurrieren würde.

Hacken – aber richtig!

Wichtig beim Hacken: Nur die obere Bodenschicht auflockern und auf keinen Fall zu tief hacken, damit weder die Pflanzenwurzeln noch die Bodenlebewesen

beschädigt oder gestört werden! Ideal ist es, wenn du den Boden im Hochbeet zwischen den Gemüsepflanzen zuerst durch Hacken schön auflockerst und gleich anschließend eine Schicht Mulch darauf verteilst.

Was heißt „Mulchen“?

Mulchen bedeutet, die offene Bodenoberfläche zwischen den Pflanzen gleichmäßig mit einer 2–3 cm hohen Schicht aus organischem Material zu bedecken. Diese Auflage minimiert das Wachstum unerwünschter Unkräuter. Sie schützt außerdem den Boden vor Verschlämmung bei heftigen Regenfällen sowie in den heißen Sommermonaten vor Austrocknung und hilft dir damit, Gießwasser einzusparen. Noch dazu unterstützt sie die Arbeit der Bodenlebewesen, da unter der Schicht gleichmäßige Temperaturen und Feuchtigkeit herrschen, und Mulch liefert Pflanzen und nützlichen Regenwürmer reichlich Nährstoffe. Last, but not least: Fruchtgemüse wie Zucchini bleibt auf einer Mulchunterlage frei von Verschmutzung.
Sobald der Boden nicht mehr ganz bedeckt ist, solltest du die Mulchschicht erneuern.

TIPP

Zu langes Material solltest du durch Häckseln oder Zerschneiden zerkleinern, Rasenschnittgut vorab gut antrocknen lassen. Für beinahe „erwachsene“, ausgewachsene Gemüsepflanzen, die auch noch einen starken Stängel haben, kannst du auch feuchtes Mulchmaterial verwenden: Hier haben Schnecken & Co. weniger Angriffsfläche.

Düngen – gewusst wie!

Ein neu angelegtes Hochbeet produziert durch die Zersetzung der organischen Materialien im Inneren eine Menge Nährstoffe für dein hungriges Gemüse. Doch nach ein paar Jahren, wenn diese Nährstofflieferung langsam nachlässt, musst du deine Pflanzen mit zusätzlichem Dünger versorgen – zumindest die Nährstofffresser unter ihnen.

Einen Blanko-Dünge-plan gibt's hier:

Pflanzen brauchen Nahrung

Alle Pflanzen benötigen mehr oder weniger viel an Nährstoffen, damit sie wachsen und Blätter, Blüten, Früchte und Wurzelknollen bilden können. Zu den wichtigsten Pflanzennährstoffen gehören Kohlenstoff, Wasserstoff und Sauerstoff sowie Stickstoff, Phosphor und Kalium, die unsere Pflanzen als Gase aus der Luft oder als Bestandteile des Wassers im Boden, in dem sie wachsen, aufnehmen. Da dein Hochbeet ein künstlicher Standort ist, an dem nach der Ernte keine Pflanzenreste liegen bleiben, die wieder zu Nährstoffen werden können, musst du nach etwa drei bis vier Jahren mit Dünger nachhelfen.

Wie du einen Kompost anlegst und pflegst, zeigen wir dir auf den Seiten 112–117.

Düngen – aber womit?

Wenn du einen eigenen Komposthaufen hast oder den vom Nachbarn mitnutzen kannst, ist die Sache einfach: Nimm zum Düngen deines Gemüses einfach etwas Kompost.

TIPP

Wer keine Zeit, keinen Platz oder kein Material zur Herstellung eines eigenen Komposts hat, kann diesen im Fachhandel auch fertig kaufen.

Zusätzlich oder stattdessen kannst du auch aus verschiedenen Pflanzen selber Düngejauchen herstellen.

Wie das geht, zeigen wir dir auf den Seiten 118–119.

Solche Dünger müssen zuerst von Mikroorganismen im Boden zersetzt werden, bevor die Pflanzenwurzeln sie aufnehmen können. Damit die Bodenlebewesen gut arbeiten können, brauchen sie Wärme und Feuchtigkeit – für eine optimale Wirkung sollte das Substrat im Beet daher weder kalt noch sehr trocken sein. Nährstoffe aus Pflanzenjauchen werden langsam und gleichmäßig freigesetzt; ihre Wirkung hält über einen längeren Zeitraum an.
Wenn das alles dein Zeitkontingent überschreitet, das du für Gartenarbeit eingeplant hast, kannst du natürlich auch Dünger kaufen, wie zum Beispiel organische oder organisch-mineralische Volldünger aus dem Fachhandel.

Wie viel?

Unsere Kulturpflanzen werden je nach Nährstoffhunger in Starkzehrer, Mittelzehrer und Schwachzehrer eingeteilt – je nachdem, was du auf deinem Beet hast, kannst du einschätzen, wie viele Nährstoffe du ausbringen musst: Starkzehrer bekommen etwa 5–10 Liter Kompost je Quadratmeter bzw. Fertigdünger gemäß der Dosierungsangabe auf der Packung; Mittelzehrer die halbe Menge Kompost oder Fertigdünger; Schwachzehrer höchstens 1–2 Liter Kompost je Quadratmeter oder ein Viertel der Fertigdüngerdosis.

Stark-, Mittel-, Schwachzehrer: Welche Gemüse zu welcher Gruppe gehört, kannst du in der Tabelle auf Seite 56 sehen.

Kompost: geniale Abfallverwertung

Mit der Herstellung und Verwendung von Kompost schlägst du gleich zwei Fliegen mit einer Klappe: Du entsorgst Abfall, der sowieso anfällt, sparst wertvolle Ressourcen und Energie für den Abtransport des Bio-Abfalls – und erhältst gleichzeitig kostenlos wertvollen Dünger für dein Hochbeet.

Als wertvoller Nähstofflieferant viel zu schade für die Bio-Tonne!

Das braune Gold

Guter Kompost ist ein richtiges Lebenselixier für Boden und Pflanzen, eines der wirkungsvollsten Düngemittel, noch dazu ein ausgesprochen preisgünstiges. Und als Bonus kriegst du beim Ansetzen und Umschichten ein Gratis-Fitnessprogramm geboten!

Reif ist ein Kompost bereits nach 12–15 Monaten. Je länger fertiger Kompost auf dem Haufen liegen bleibt, umso mehr der darin enthaltenen Nährstoffe werden wieder abgebaut – umso schwächer wird seine Düngewirkung.

Halbfertigen oder halbreifen Kompost kannst du schon bei der Schichtung deines Hochbeet-Innenlebens verwenden.

Entgegen einer häufig verbreiteten Annahme „stinkt“ ein richtig angelegter Kompost weder dir noch deinen Nachbarn! Denn herrschen im Inneren des Komposthaufens weitgehend gleichmäßige Temperaturen und ist eine gute Durchlüftung gewährleistet, entsteht keine Fäulnis und damit auch keine Geruchsbelästigung.

Neben Küchenabfällen kannst du sogar Gehölzreste in deinen Kompost einarbeiten. Teile sie am besten in gleichgroße Stücke. Wir haben immer einige Äste neben unserem Kompost liegen, die wir bei Gelegenheit zerschneiden und untermischen.

Was darf in den Kompost?

- [ ] Eierschalen
- [ ] Fleischreste
- [ ] Nudelreste
- [ ] beschichtetes Papier
- [ ] unbeschichtetes Papier
- [ ] Eierkartons
- [ ] Erde
- [ ] Einstreu aus Katzenklos
- [ ] Kaffeesatz
- [ ] gejätetes Unkraut
- [ ] altes Brot
- [ ] feuchter Rasenschnitt
- [ ] trockener Rasenschnitt
- [ ] Asche von verbranntem Holz
- [ ] Asche von verbrannter Kohle
- [ ] Lederstücke
- [ ] Gemüse- und Obstreste
- [ ] Textilien
- [ ] Laub
- [ ] gekochte Essensreste
- [ ] Baumschnitt
- [ ] Fallobst
- [ ] Zigarettenkippen
- [ ] Stroh
- [ ] Öl
- [ ] Mist von Kleintieren

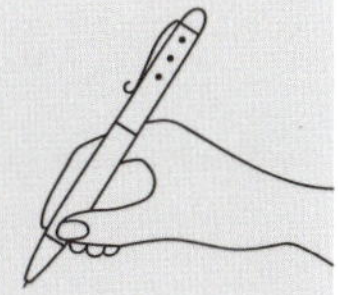

Kreuz an!

TIPP

Gib besser keine stacheligen Rosenzweige und Ähnliches auf den Kompost. Denn zumindest stärkere Stacheln und Dornen behalten ihr Verletzungspotential noch längere Zeit und können dir den Spaß an der Gartenarbeit später ordentlich verderben.

Die Auflösung findest du auf der nächsten Seite.

Wichtig: Keine zu hohen, feuchten Schichten anhäufen, sonst entsteht Fäulnis.

Wie wird aus Abfall Erde?

Im Komposthaufen verwandeln zahlreiche bodenbewohnende Kleinstlebewesen und Mikroorganismen mit ihrem unermüdlichen Einsatz grobes organisches Material in feinen Humus. Du musst dabei nichts weiter tun, als die Arbeit diesen eifrigen Helfern durch möglichst günstige Bedingungen zu unterstützen. Dazu zählen gleichmäßige Wärme und Feuchtigkeit – keine Nässe! – und eine gute Durchlüftung.
Unter diesen Voraussetzungen werden Mikroorganismen & Co. wie wild arbeiten.

TIPP

Als natürlichen Kompoststarter kannst du auch einige Handvoll eines bereits weitgehend zersetzen Komposthaufens verwenden.

Der richtige Standort

Geeignet sind schattige oder halbschattige Bereiche in deinem Garten, etwas entfernt von deinem Haus und dem Nachbargrundstück. Günstig ist eine etwas abgelegene Gartenecke, vielleicht unter einem Baum, Strauch oder neben einer Hecke.
Der angesetzte Kompost muss auf jeden Fall Kontakt zum lebenden Boden haben. Und er braucht Luft, darf also nicht von Mauern oder geschlossenen Holzwänden eingefasst sein.

Kompost-Pflege

Eigentlich musst du, wenn der Standort passt, nichts weiter tun, als deinen Kompost immer wieder mal durchzumischen. Nur bei lang anhaltender Trockenheit darfst du ihm hin und wieder ein paar Kannen voll Wasser gönnen, damit die Bodenorganismen wieder richtig arbeiten können. Wenn der Kompost in der Mitte zu nass ist und anfängt, faulig zu riechen, dann mische ihn einmal kräftig durch! Dadurch wird die Feuchtigkeit verteilt und zusätzlich die Belüftung verbessert.
Etwa drei bis sechs Monate nach dem Anlegen musst du den Haufen einmal umsetzen: Schichte das Material einfach auf einen zweiten Haufen direkt daneben.

Aus dem Baumarkt

Willst du nur überschaubare Mengen an organischem Material kompostieren, kannst du im Fachhandel einen Schnellkomposter aus Kunststoff erwerben. Aufgrund von Material und Bauweise heizt er sich besonders schnell auf, und der Kompost ist in kürzerer Zeit fertig. Außerdem gibt es Kompostsilos aus Holz und Draht zu kaufen, oder du kannst dir aus diesem Material selbst etwas bauen.

Auflösung: Was darf in den Kompost?

Eierschalen, unbeschichtetes Papier, Eierkartons, Erde, Kaffeesatz, gejätetes Unkraut, altes Brot, trockener Rasenschnitt, Asche von verbranntem Holz, Gemüse- & Obstreste, Laub, Baumschnitt, Fallobst, Stroh, Mist von Kleintieren.

Wenn du bei Trockenheit aufs Umsetzen und Gießen verzichtest, dauert die Verrottung länger und du erhältst weniger Material.

TIPP

Wenn du genügend Zeit und Platz hast kannst du dir das Umsetzen sparen. Du kannst einfach mehrere Kompostbereiche anlegen und diese nach etwas längerer Zeit als Pflanzerde verwenden.

TIPP

Wenn du deinen Kompost ordentlich schichtest, kannst du ganz auf einen Rahmen aus Holz oder Metall verzichten. Der fertige Kompost ist dann leichter und zu jeder Zeit zugänglich, ohne dass du erst mühsam den Rahmen ganz oder teilweise entfernen musst.

LEGE DEINEN EIGENEN KOMPOST AN

Durch das Selbermachen wirst du lästige Abfälle los und sparst gleichzeitig noch Geld! Also worauf wartest du noch?

So wird's gemacht:

- → Suche dir einen geeigneten Standort aus.
- → Wirf den nach und nach anfallenden Garten- und Küchenabfall einfach dorthin, bis du einen Haufen beisammen hast. Entscheidend für eine erfolgreiche Zersetzung oder „Rotte" des eingebrachten Materials ist eine gute Durchmischung der verschiedenen Komponenten: Mische Nasses mit Trockenem, Grobes mit Feinem, Grünes mit Strohigem.
- → Ist es längere Zeit sehr trocken, gieße ein paar Kannen voll Wasser über deinen Kompost.
- → Setze deinen Kompost ungefähr nach 3–6 Monaten oder einmal jährlich um: Schaufle einfach alles auf einen zweiten Haufen oder in ein zweites Kompostsilo.
- → Je nach Wetter und Zusammensetzung entsteht nach etwa 12–15 Monaten Reifekompost, in dem grobes organisches Material weitgehend zersetzt ist.

TIPP

Enthält dein Kompost viel Laub oder Grasschnitt, kannst du die Verrottung durch die Zugabe von Algenkalk, kohlensaurem Kalk oder Gesteinsmehl unterstützen.

Bei vielen strohigen und holzigen Bestandteilen intensiviert Horn-Knochen-Blutmehl oder Kalkstickstoff die Zersetzung.

Reifer Kompost riecht angenehm erdig, ist dunkelbraun und krümelig.

TIPP

Du kannst auch einen Kürbis direkt auf dem Haufen wachsen lassen – das bekommt dem „hungrigen" Gemüse ausgezeichnet!

Meine Kompost-Planung:

Ich brauche Kompost zu diesem Zeitpunkt:

Um mein neues Hochbeet zu befüllen.

____

Anlegen muss ich meinen Kompost daher zu diesem Zeitpunkt: ______________________________

____

Für reifen Kompost: 12–15 Monate vorher; für halbreifen Kompost: 6–8 Monate vorher.

Umsetzen muss ich meinen Kompost zu diesem Zeitpunkt: ______________________________

____

nach 3–6 Monaten

- ☐ Der Standort ist ausgewählt.
  - → Schatten/Halbschatten,
  - → Bodenkontakt,
  - → Luft
- ☐ Ich weiß, was ich auf den Kompost werfen darf und was nicht.
- ☐ Ich weiß, dass mein Kompost keine dicken feuchten Schichten enthalten sollte.
- → Ich weiß, dass ich meinen Kompost
  - ☐ bei zu viel Feuchtigkeit immer wieder mal durchmischen sollte.
  - ☐ bei anhaltender Trockenheit etwas wässern sollte.
- ☐ Umgesetzt habe ich den Haufen am ______________
- → Mein Kompost
  - ☐ riecht angenehm erdig,
  - ☐ ist dunkelbraun
  - ☐ und krümelig.

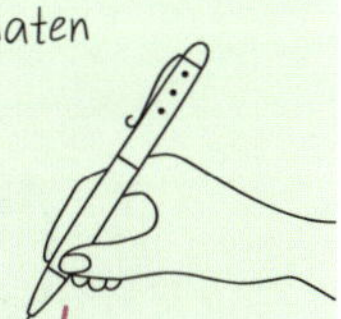

Trage ein und hake ab, was du erledigt hast.

STELL DEINE EIGENE PFLANZENJAUCHE HER

Super, um das Gemüse auf deinem Hochbeet mit Nährstoffen zu versorgen!

Aus Holz oder Kunststoff – nicht aus Metall – und groß genug, damit beim Umrühren nicht immer alles überschwappt.

Du brauchst:

- [ ] 1 kg frische Brennnesseln oder Giersch (jeweils ohne Samenstände)
- [ ] etwa 10 l (Regen-)Wasser
- [ ] Eimer mit 20 l Fassungsvermögen
- [ ] 2 kleine Gartenschaufeln bzw. eine Handvoll Gesteinsmehl
- [ ] Holzstab zum Umrühren
- [ ] 1 Tuch

TIPP

Verwendest du Brennnesseln, die bereits Samen gebildet haben, musst du beim Abgießen der Jauche unbedingt ein Sieb verwenden, denn sonst schaffst du ungewollt eine Brennnesselplantage auf deinem Hochbeet.

So lange dauert's:

5–14 Tage im Juni, Juli oder August

So wird's gemacht:

→ Fülle den Eimer locker mit dem grob zerkleinerten Pflanzenmaterial.

→ Gieße das Wasser darüber, gib das Gesteinsmehl zur Geruchsbindung dazu, rühre um, deck den Eimer mit einem Tuch ab, damit keine Tiere hineinfallen, und stell ihn in den Halbschatten.

→ Ist es warm, beginnt der Ansatz schnell zu schäumen und zu blubbern – er gärt! Rühre ab und zu um. Steigen keine Bläschen mehr auf, ist die Jauche fertig.

Jetzt riecht sie nicht mehr unangenehm, sondern erinnert eher an starken Kräutertee.

Brennnessel und Giersch sind zwischen Juni und August häufig in der Natur zu finden und damit leicht zu beschaffen. Sie enthalten reichlich Nährstoffe und Mineralien, insbesondere Stickstoff und Kalium und eignen sich damit gut zur Düngung von starkzehrenden Gemüsekulturen.

- ⟶ Gieße die Jauche ab und verdünne sie vor dem Einsatz mit Wasser (⟶ Düngeempfehlung).
- ⟶ Du kannst deine Jauche etwa 4–6 Wochen aufbewahren: in einem verschlossenen Gefäß und an einem kühlen Ort.

Düngeempfehlung:

- ⟶ Starkzehrer: Jauche im Verhältnis 1:10 mit Wasser verdünnen. Etwa alle 1–2 Wochen damit düngen.
- ⟶ Empfindliche Pflanzen wie Setzlinge: Jauche im Verhältnis 1:20 verdünnen. Etwa alle 1–2 Wochen damit düngen.
- ⟶ Dünge am besten an bedeckten, trüben Tagen auf feuchten Boden.

Plane das Düngen!

Meine Pflanzenjauche hält sich bis: ____________________

Die Verdünnung passt für diese Pflanzen:

____

____

____

Düngen will ich um diese Tage herum:

- ☐ Das Wetter passte am: ____________________
- ☐ Das Wetter passte am: ____________________
- ☐ Das Wetter passte am: ____________________
- ☐ Das Wetter passte am: ____________________
- ☐ Das Wetter passte am: ____________________

Video zur Brennnesseljauche:

Nicht auf die Blätter, sondern nur auf den Wurzelbereich der Pflanzen gießen!

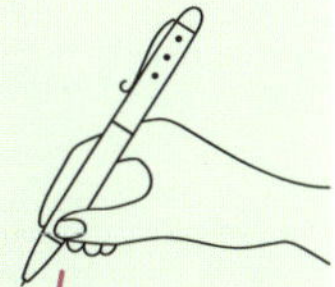

Hake ab, wenn du das Düngen erledigt hast.

Nützlinge anlocken

Auch Im Garten musst du nicht alle Arbeit allein schaffen, sondern kannst dir helfen lassen: Ob nun Regenwürmer für die Bodenqualität, Insekten zur Bestäubung oder Vögel zur Blattlaus- und Raupenabwehr – wir haben viele Verbündete im Garten. Wenn du Nützlinge gezielt förderst, ersparst du dir reichlich Arbeit und erhöhst deinen Ernteerfolg.

Das hilft Regenwürmern & Co.

Mulchen (→ Seiten 108–109) führt nicht nur dazu, dass du nicht so oft gießen musst – das Material bietet dem Regenwurm und vielen bodennahen Kleinstlebewesen Nahrung und Schutz vor Austrocknung.
Im Gegenzug solltest du auf Insektizide unbedingt verzichten (im Privatgarten sind die meisten ohnehin verboten), denn so hilfst du den natürlichen Gegenspielern von Blattlaus & Co.: Marienkäfer und andere werden es dir danken.
Und warum nicht einfach gewünschten Insekten wie Ohrenkneifern, Bestäubern und den Gegenspielern von Blattsaugern ein Hotel bieten? Typische Insektenhotels mit hohlen Pflanzenstängeln (zum Beispiel Schilf) bieten auch Schlupfwespen Brutmöglichkeiten. Ein solches Insektenhotel kann auch in einiger Entfernung vom Beet angebracht werden – Schlupfwespen können fliegen und finden ihre Beute selbstständig!

TIPP

Bauanleitungen für Nisthilfen für verschiedene Vogelarten findest du auf den Webseiten der Vogel- und Umweltschutzverbände: so zum Beispiel Kästen für Höhlenbrüter und verschiedene Sonderformen für Halbhöhlenbrüter. Bausätze oder fertige Nisthilfen erhältst du im Fachhandel oder bei Vogelschutzverbänden.

Wenn du in deinem Hochbeet und drumherum auch ein paar Blühpflanzen pflanzt, dann kommen die Bestäuber von ganz allein – und können sich „zwischendurch" um deine (anderen) Hochbeet-Pflanzen kümmern.

Keine Angst: die stechen uns nicht! Vielmehr helfen sie uns, indem sie gefräßige Raupen parasitieren, die mühsam angebautes Gemüse verspeisen wollen.

Gefiederte Helfer

Bis sich im Frühjahr genügend Marienkäfer zum Gegenangriff auf deinem Beet eingestellt haben, sind unsere Gartenvögel wunderbare Blattlausvertilger. An eine einzige Brut werden mehrere Tausend Blattläuse, Raupen und Gemüsefliegen verfüttert. Gestalte deinen Garten also am besten so, dass die gefiederten Helfer nicht nur Nahrung, sondern auch Unterschlupf finden, zum Beispiel in heimischen Gehölzen.

Beispiele für geeignete Blühpflanzen findest du auf den Seiten 126–127.

An einem Insektenhotel gibt es immer etwas zu sehen, und du hast dort Gelegenheit, deine Gartenhelfer genau zu beobachten. Wir haben einen großen Teil unserer Insektenhotels auf unserer Terrasse angebracht. Viele der Wildbienen sind zwar durchaus wehrhaft, wir und unsere Gäste wurden in über zwanzig Jahren aber noch nie gestochen.

BAU DIR EIN DOSEN-INSEKTENHOTEL

Nicht aus dem Naturschutzgebiet! Kaufe am besten eine Schilfmatte eines zertifizierten Herstellers und zerschneide sie.

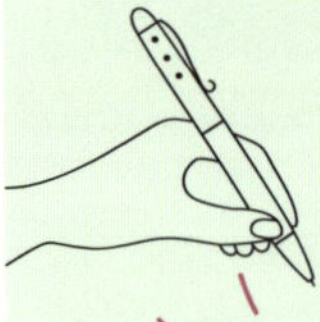

Hake ab, was du schon hast!

Du brauchst:

- [ ] 1 leere gereinigte Konservendose ohne Deckel
- [ ] hohle Pflanzenstängel wie zum Beispiel Schilf
- [ ] Gartenschere

So wird's gemacht:

→ Schneide die Stängel ca. 1–2 cm kürzer, als deine Dose tief ist.

→ Stecke die Stängel in die Dose, bis diese prall gefüllt ist und sie sich so gegenseitig halten.

→ Bringe dein Dosenhotel horizontal in der Nähe deines Hochbeets an, am besten an einem sonnigen, wettergeschützten Ort, zum Beispiel unter einem Dachüberstand, oder lege es mit der Öffnung von der Wetterseite abgewandt an einem leicht erhöhten Platz ab.

Der Dosenüberstand schützt die Brutröhren vor direktem Regen.

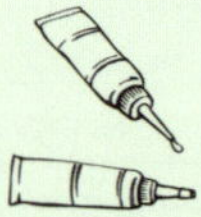

Skizziere deinen eigenen Gartenplan mit Bäumen, Beeten, Wegen etc.!

BAU DIR EIN OHRENKNEIFER-DOSENHOTEL

Du brauchst:

- [ ] 1 leere und gereinigte Konservendose
- [ ] trockenes Heu oder Stroh
- [ ] Stahldraht
- [ ] Lochstecher oder Hammer und Nagel
- [ ] 1 Ast mit Gabelung

Zum Beispiel Blumenbindedraht.

So wird's gemacht:

→ Stanze im Dosenboden ein Loch für den Stahldraht.

→ Biege aus Stahldraht eine Schlaufe und befestige sie im Loch am Dosenboden.

→ Befülle die Dose mit trockenem Heu oder Stroh.

→ Biege die Dosenöffnung leicht zusammen, um der Füllung zusätzlichen Halt zu geben.

→ Hänge das Ohrenkneifer-Hotel an deinem Hochbeet kopfüber auf, zum Beispiel an einem Ast mit Gabel, den du ins Beet steckst.

Plane dein Dosenhotel-Angebot!

→ Trage deine Hotels in deinen Gartenplan ein und zähle anschließend, wie viele Dosen du brauchst:
__________ Dosen

TIPP

Du kannst auch einen Rahmen bauen und darin mehrere Insektendosenhotels zusammenlegen.

Schädlinge bekämpfen

Im Garten und rund ums Hochbeet geht es nicht immer nur nett zu – leider gibt es auch ungebetene „Gartengäste“, die dir das Gärtnerleben schwer machen. Hier geben wir die ein paar Tipps für den Fall, dass Schädlinge deinen Pflanzen zusetzen oder sie von Pilz befallen sind.

Für den Schneckenkampf blättere zurück auf Seite 30!

Unbeliebt: Schnecken

Hat dir der Anblick eines von Schnecken verwüsteten Gemüsebeets schon einmal die Tränen in die Augen getrieben? Keine Sorge: Es gibt Mittel und Wege. Neben Kupferband, Schneckenkrägen und im Notfall Schneckenkorn hilft auch ein Schneckenzaun; dieser muss aber genau an die Maße des Beets angepasst sein und darf keine Lücken haben.
Ansonsten hilft nur Absammeln, denn Igel dürften sich eher selten auf dein Hochbeet verirren.

Bierfallen eignen sich nicht zur Schneckenabwehr, denn der Biergeruch zieht nicht nur die Schnecken an, die sich schon auf deinem Hochbeet befinden, sondern auch weiter entfernte!

Fiese Blattsauger

Zeitig im Frühjahr, bevor uns die Marienkäfer zu Hilfe kommen, können Blattläuse das Gartenglück trüben. Für gesunde Pflanzen sind sie kein Problem, wenn sie in Maßen auftreten. Bei lokal vermehrtem Aufkommen hilft frühzeitiges Zerdrücken. Bei flächigem Befall kann das Besprühen mit einer Öl-Emulsion (1 Teil Öl auf 10 Teile Wasser) Abhilfe schaffen.

Die Anwendung so lange wiederholen, bis der Blattlausbestand merklich sinkt.

Schädliche Pilze

Deine Pflanzen haben einen Pilz? Es kann sein, dass du daran selber schuld bist. Vielleicht hast du zu viel gegossen oder unter der Abdeckung zu wenig gelüftet? Stehen die Pflanzen zu eng? Bei zu dichtem Pflanzenbestand musst du auslichten oder ableiten:

- Entferne einfach die unteren, zu dicht stehenden Blätter, damit wieder Luft und Licht unten an deine Pflanzen und an den Boden kommen.
- Oder nimm ganze Pflanzen (keine zu alten, ausgewachsen!) heraus und setze sie an eine andere Stelle oder in ein anderes Beet. Achte dabei darauf, dass du die Wurzeln nicht verletzt, und entferne vor dem Wiedereinpflanzen einige Blätter.

Notmaßnahme: frische Brennnesseljauche. Lass sie 1–2 Tage stehen, verdünne sie in einem Anteil von 10:1 mit Wasser (d.h.: 10 Teile Wasser auf 1 Teil Jauche) und besprühe damit das befallene Blattwerk.

Ein starker Schädlingsbefall kann auch ein Zeichen für einen schlechten Gesundheitszustand deiner Pflanzen sein.

Auch stark befallene Blätter und Stängel solltest du gleich entfernen, bevor der Pilz auf die gesamte Pflanze oder auch andere Pflanzen übergreift.

Blühender Schädlingsschreck

Wenn du Ringelblumen (gut gegen Wurzelälchen und Drahtwürmer) & Co. mit in dein Beet sähst, können diese dir bei der Abwehr ungeliebter Mitesser helfen. Oder wie wäre es mit der Kornbume? Sie lockt Gallwespen und andere natürliche Feinde von verschiedenen Kohlschädlingen an.

Auf der nächsten Seite zeigen wir dir, welche Blühpflanzen deinen Kampf erfolgreich unterstützen können.

Blüten gegen Schädlinge

Hake ab, welche Blüte du ausprobiert hast und bewerte, wie sie dir gefallen hat!

Auch Blühpflanzen können dir, mit in dein Beet gesät, bei der Abwehr ungeliebter Mitesser helfen. Hier stellen wir dir ein paar Kandidaten näher vor:

Ideal als Fangpflanze für Bohnenläuse und Kohlweißlingsraupen; vertreibt Gurkenkäfer.

Kapuzinerkresse (Tropaeolum majus)

Schwierigkeit/Pflegeaufwand:

Kulturdauer: 4–5 Monate

Wasser:

Nährstoffe:

Sonne:

Blüte: Juli–September

Säen/Pflanzen: zwischen Februar und April auf dem Fensterbrett oder zwischen Mai und Juli direkt ins Beet 1–1,5 cm tief in humoses, lockeres, mäßig nährstoffreiches Substrat säen; vorgezogene Pflanzen Ende Mai ins Beet setzen – an den Beet-Rand rund ums Gemüse.

Sorten: 'Tiptop Alaska' (nicht rankend, niedrig; weiß-buntes Laub).

Lockt Gallwespen und andere natürliche Feinde von Kohlweißling und Kohleule an.

Kornblume (Centaurea cyanus)

Schwierigkeit/Pflegeaufwand:

Kulturdauer: 4–5 Monate

Wasser:

Nährstoffe:

Sonne:

Blüte: Mai–September

Säen/Pflanzen: ab März auf dem Fensterbrett vorziehen und im Mai ins Beet setzen oder zwischen April und Juli 0,5–1cm tief in lockeres, nährstoffarmes, durchlässiges Substrat direkt ins Beet säen.

Pflegen: regelmäßig Verblühtes abschneiden.

Sorten: 'Black Ball' (schwarz-violette Blüten, 30–50 cm hoch); 'Blauer Junge' (himmelblaue Blüten, 30–50 cm hoch).

Ringelblume *(Calendula officinalis)*

Schwierigkeit/Pflegeaufwand:
Kulturdauer: 3–4 Monate
Wasser:
Nährstoffe:
Sonne:
Blüte: Juni–Oktober
Säen/Pflanzen: ab März auf dem Fensterbrett oder zwischen März und Juni direkt ins Beet 1–1,5 cm tief in mäßig nährstoffreiches, humoses, sandig-lehmiges Substrat säen; die vorgezogenen Pflanzen Mitte Mai ins Beet setzen, zwischen die Gemüsepflanzen.
Sorten: 'Orange Gitana' (niedrig, kräftig orangefarbene Blüten).

Vertreibt Bodenschädlinge wie Wurzelälchen und Drahtwürmer. Versamt sich häufig von selbst.

Niedrige Studentenblume *(Tagetes patula)*

Schwierigkeit/Pflegeaufwand:
Kulturdauer: 3 Monate
Wasser:
Nährstoffe:
Sonne:
Blüte: Mai–November
Säen/Pflanzen: im Februar/März auf dem Fensterbrett oder Ende April direkt ins Beet 0,5 cm tief in mäßig nährstoffreiches, humoses, durchlässiges, ausreichend feuchtes Substrat säen; vorgezogene Pflanzen Ende Mai ins Beet setzen.
Pflegen: Jungpflanzen vor Schnecken schützen.
Sorten: 'Mr. Majestic' (einfache, gelb-rot gestreifte Blüten, 15–20 cm hoch).

Vertreibt „Bodenschädlinge" wie Wurzelälchen und erhöht die Bodengesundheit.

Bohnenkraut *(Satureja ssp.)*

Schwierigkeit/Pflegeaufwand:
Kulturdauer: 2 Monate
Wasser:
Nährstoffe:
Sonne:
Blüte: Juni–Oktober
Säen/Pflanzen: im April/Mai auf dem Fensterbrett oder im August direkt ins Beet 1–1,5 cm tief in nährstoffarmes, leichtes, durchlässiges Substrat säen; vorgezogene Pflanzen im Mai ins Beet setzen; warmer, geschützter Standort.
Pflegen: Jungpflanzen vor Schnecken schützen.
Arten: Sommer-Bohnenkraut (*Satureja hortensis*, einjährig); Berg-/Winterbohnenkraut (*Satureja montana*, mehrjährig).

Hält Schwarze Bohnenläuse von Bohnen fern.

LEVEL 3

ernten & VERARBEITEN

Nach mehreren Wochen oder Monaten, in denen du die Gewächse auf deinem Hochbeet versorgt und gepflegt hast, geht es ans Ernten. Wenn du den richtigen Zeitpunkt erwischst, schmecken Gemüse, Salat und Kräuter besonders gut.

Manches, was nicht gleich gegessen wird, kannst du gut verarbeiten und haltbar machen. Wir geben dir Tipps für leckere selbstgemachte Produkte.

INHALT	SEITE	GECHECKT
Check die **Erntezeitpunkte**	130	☐
Check die **Reifemerkmale**	131	☐
Check das **Haltbarmachen**	136	☐

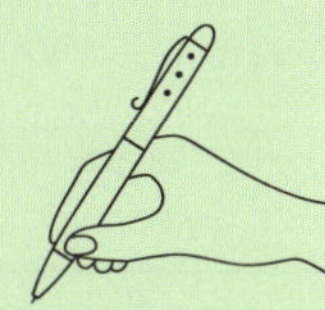

Kreuze die Kästchen an, wenn Du das Thema gelesen hast.

Wann ernte ich was?

Gerade bei Gemüsearten, die eine längere Kulturzeit haben und einige Wochen auf dem Beet gehegt und gepflegt wurden, stellt sich schließlich die Frage: Wann sind sie reif? Soll ich noch abwarten oder schon anfangen mit Abernten? Bei Gemüse, das eingelagert wird, ist der richtige Erntezeitpunkt besonders wichtig. Und bei welchem Gemüse spielt sogar die Tageszeit beim Ernten eine Rolle?

TIPP

Am besten für die Zwiebelernte sind trockene Tage: So kannst du die aus dem Boden genommenen Zwiebeln gleich auf dem Beet einige Tage liegen und dort trocknen lassen.

Nicht zu lange warten

... solltest du mit der Ernte von typischem Frühgemüse. So werden Zuckerschoten mit zunehmendem Reifegrad mehlig und früher Kohlrabi wird holzig. Auch Gurken und Zucchini solltest du lieber zeitig ernten, denn größere Früchte haben meist weniger Geschmack; kleinere Zucchini sind aber nicht nur geschmackvoller und zarter, sondern haben auch weniger Kerne. Außerdem bilden die Pflanzen bei früher Ernte neue Früchte, insofern relativiert sich der Ernteverlust.

Spinat solltest du nicht mehr ernten, sobald er blüht – er schmeckt dann sehr bitter.

Spätes Gemüse – späte Ernte

„Späte“ Gemüsearten und -sorten werden mit der Zeit immer aromatischer. Rosenkohl und Grünkohl zum Beispiel schmecken erst nach dem ersten Frost richtig lecker; Spätsorten vom Lauch wachsen auch noch bei Temperaturen um 0 °C. Lagergemüse darf ebenfalls nicht zu früh vom Beet, wenn es sich lange halten soll.

Die Farbe macht's

Die meisten Fruchtgemüsearten entwickeln mit der Vollreife ihre art- oder sortentypische Farbe. Das hat schon bei wild wachsenden Pflanzenarten seinen Sinn: Tiere kennen meist die charakteristische Ausfärbung reifer Früchte und reagieren entsprechend. Für die Pflanze ist damit ebenfalls ihr Ziel erreicht: Ihre Samen werden verbreitet. Wohl jeder weiß, dass die reife „Standard-Tomate“ rot, die „Durchschnitts-Gurke“ grün ist, bei Spezialsorten oder weniger häufigem Gemüse ist die optimale Farbe dagegen schon weniger bekannt. Daher zeigen wir dir hier die Anzeichen:

Die Sorte 'Superschmelz' kann hingegen fast die Größe eines Handballs erreichen und macht ihrem Namen auch bei größerem Wuchs alle Ehre – dieses Gemüse bleibt zart und wird nicht holzig.

	Daran erkennst du die Erntereife
Hokkaido-Kürbis	orange-rot, beim Dranklopfen klingt es hohl, der Stiel beginnt, braun und korkig zu werden
Kohlrabi	etwa so groß wie ein Tennisball
Tomaten	rot (Ausnahmen zum Beispiel: die bei Vollreife grüne 'Green Zebra' oder die schwarz-violette 'Purple Dragon'), fest, lassen sich leicht lösen, wenn du sie ein wenig nach oben kippst
Zucchini	etwa 15–20 cm lang
Zwiebeln	sobald das Laub abknickt und zu welken beginnt

Lass was stehen!

Wenn du bei der Ernte von Salat und Spinat die Herzblätter stehen lässt, dann wächst die Pflanze weiter, bildet neue Blätter und du kannst dich auf die nächste Ernte freuen.

Und während du von mehrjährigen Kräutern Blätter, Triebspitzen oder ganze Triebe abschneiden kannst, solltest du bei einjährigen Kräutern, wie zum Beispiel Basilikum, nur einzelne Blättchen oder die Spitzen der Triebe abzupfen, denn dann wachsen sie noch gut weiter.

Willst du die Kräuter anschließend trocknen, sollten sie bei der Ernte völlig abgetrocknet sein.

Ernte nach Uhrzeit?

Ja, bei manchen Gewächsen spielt die Tageszeit tatsächlich eine Rolle! Salat zum Beispiel ist zwar am Morgen oder Vormittag am knackigsten, denn dann sind die Zellen gut mit Wasser versorgt, prall und fest, allerdings steigt wie auch bei Rucola, Spinat, Kohlrabi und Roter Bete nachts der Gehalt an Nitrat an, und das ist für uns Menschen ungesund. Durch Lichteinfluss sinkt der Nitratgehalt im Laufe des Tages wieder – bei einer Ernte am Nachmittag ist der Nitratgehalt im Gemüse am niedrigsten.

Kräuter hingegen solltest du am besten vormittags ernten, dann ist ihr Aromagehalt am höchsten.

Das Erntetagebuch als Download:

Wir bleiben draußen!

Wie praktisch – einige Gemüsearten kannst du im Herbst noch auf dem Beet stehen lassen und nach und nach ernten, selbst wenn die Temperaturen frostig werden. Rote Bete und Knollenfenchel zum Beispiel vertragen −3 bis −5 °C, Grünkohl, Rosenkohl, Winterlauch, Feldsalat, Winterportulak sogar Temperaturen unter −10 °C. Beim Winterkopfsalat kannst

Nur in frostfreien Zeiten und keine gefrorenen Blätter ernten – sie werden matschig und unansehnlich.

du daher entweder die kleinen Salate als Jungpflanzen auf dem Beet überwintern lassen und dann im Frühling die ganzen Köpfe ernten. Oder du pflückst den Winter hindurch immer wieder einzelne Blätter und nutzt den Kopfsalat wie Pflücksalat. Damit du im Winter Salate bequem ernten kannst, empfehlen wir dir bei Frost eine Abdeckung mit Reisig, Vlies oder gleich einem Frühbeet-Aufsatz.

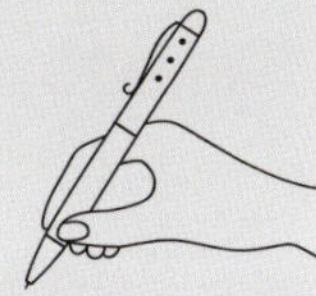

Trage ein!

Mein Erntetagebuch

Gemüse	Erntedatum	Menge	Notizen

ERNTEKALENDER

Art	JAN	FEB	MÄRZ	APR	MAI	JUNI	JULI	AUG	SEP	OKT	NOV	DEZ
Asia-Salate				●	●					●	●	●
Basilikum						●	●	●	●			
Buschbohnen								●	●	○		
Feldsalat	●	●	●						●	●	●	●
Grünkohl	●	●								●	●	●
Gurken							●	●				
Hokkaido-Kürbis								●	●	●	●	
Knollenfenchel								●	●	●		
Kohlrabi						●	●	●	●			
Lauch	●	●	●	●	●	●	●	●	●	●	●	●
Löffelkraut	●	●	●	●	●	●	●	●	●	●	●	●
Mexikanische Mini-Gurke							●	●	●	●		
Oregano							●	●	●			
Petersilie	○	○	○	○	●	●	●	●	●	●	●	○
Pflücksalat					●	●	●	●	●	●		
Radieschen				●	●	●	●	●	●	●		

Art	JAN	FEB	MÄRZ	APR	MAI	JUNI	JULI	AUG	SEP	OKT	NOV	DEZ
Rosenkohl	●	●							●	●	●	●
Rosmarin						●	●	●	●			
Rote Bete							●	●	●	●		
Rucola					●	●	●	●	●	●		
Salbei						●	●	●	●			
Schnittknoblauch						●	●	●	●	●		
Schnittlauch				●	●	●	●	●	●	●	●	
Spinat			●	●						●	●	
Thymian					●	●	●	●	●			
Tomate							●	●	●	●		
Tomatillo							●	●	●			
Winterkopfsalat			●	●	●							
Winterportulak	●	●	●	●							●	●
Zucchini							●	●	●	●		
Zuckerschote							●	●	●			
Zwiebel					○	○	●	●	●	●		

● Ernte ○ evtl. Ernte

Was kann ich lagern?

Manche Gemüse musst du nicht frisch essen, sondern kannst sie auch gut einlagern und hast damit über die Erntezeit hinaus was davon. Zum Beispiel typische Wintersorten von Roter Bete, Knollenfenchel, Kohlrabi, Rosenkohl, Lauch, aber auch Zwiebeln und Kürbis.

Stell dein Gemüse einfach in Kisten mit Sand gepackt in deinen kühlen Keller. Nur der Hokkaido-Kürbis fühlt sich bei wärmeren Temperaturen wohler – der sollte nicht im Keller verschwinden.

Gemüseart	Wie lange lagern?	Welche Temperatur?
Hokkaido-Kürbis	6–7 Monate	12–17 °C
Knollenfenchel	1–2 Monate	0–4 °C
Kohlrabi	2–4 Monate	0–4 °C
Lauch	1–2 Monate	5–10 °C
Rosenkohl	2–4 Monate	0–4 °C
Rote Bete	3–5 Monate	3–6 °C
Zwiebel	6–7 Monate	8–10 °C

Die Ernte haltbar machen

Die Ausbeute war riesig, und du kommst mit dem Aufessen nicht hinterher? Praktische Möglichkeiten der Haltbarmachung und selbstgemachte Vorräte für den Winter sind hier die Lösung. Wir geben dir hilfreiche Tipps rund ums Einkochen, Einlegen, Trocknen & Co. – eine überwältigende Geschmacksvielfalt erwartet dich!

Bei sämtlichen Formen der Haltbarmachung ist auf äußerste Sauberkeit zu achten. Gerade beim Einkochen, Einmachen, Fermentieren und Einlegen verbleibt ein hoher Anteil Wasser in den Produkten: hier hat Hygiene oberste Priorität!

Methode	Kurz erklärt	So geht's
Einlegen in Öl Haltbarkeit: im Kühlschrank etwa 3 Monate	Beim Einlegen wird Gemüse in Flüssigkeit konserviert. Die Flüssigkeit verhindert, dass schädliche Mikroorganismen sich breit machen. Je nach Rezept wird das Gemüse vorgekocht, gegart, blanchiert oder roh mit Salz bestreut und entwässert. Zum Einlegen eignen sich feste Gemüsearten wie Gurken, Bohnen, Rote Bete, Zwiebeln und Zucchini.	Das Gemüse salzen, garen oder in Essig marinieren. Dann in Gläser füllen, Öl darübergießen, die Gläser verschließen, fertig!
Einlegen in einen Essigsud („sauer einlegen“) Haltbarkeit: etwa 3–12 Monate		Das rohe Gemüse salzen und 24 Stunden ziehen lassen. Anschließend abspülen, in sterilisierte Gläser füllen, mit einem Sud aus Essig (mindestens 5 % Säure), Salz, Zucker und Gewürzen auffüllen, verschließen. Oder Gemüse garen und anschließend in Gläser füllen und mit Essigsud übergießen.

Methode	Kurz erklärt	So geht's
Einkochen/Einwecken/ Einmachen Haltbarkeit: mindestens 1 Jahr	Das kennen wir vorwiegend von Obst, aus dem wir Kompott oder Marmelade herstellen. Doch auch manches Gemüse eignet sich für diese Methode. Zum Beispiel kannst du ein leckeres Chutney herstellen. Video zum Einkochen:	Geputztes, zerkleinertes Gemüse in sterilisierte Weck- oder geeignete Schaubgläser füllen, mit Wasser (oder Sud aus Wasser, Essig, Salz) übergießen und fest verschließen. Gläser nebeneinander in einem speziellen Einkochtopf stellen, Wasser auffüllen und je nach Einkochgut zwischen 20 und 90 Minuten lang bei geschlossenem Deckel kochen.
Fermentieren Haltbarkeit: mindestens 5 Monate	Milchsäurebakterien sorgen beim Fermentieren für die Konservierung und dehnen die Haltbarkeit deines Gemüses aus. Nach diesem Prinzip wird Sauerkraut hergestellt und ebenso das aus Korea stammende „Kimchi", das noch mit Ingwer, Knoblauch, Chili gewürzt wird.	Das saubere, zerkleinerte, gesalzene Gemüse in einem Gefäß mit abgekühlter Salzlake übergießen und feststampfen. Während der folgenden Tage setzt die Gärung ein, es entstehende Gase – die müssen entweichen können, daher das Gefäß nicht fest verschließen.
Trocknen Haltbarkeit: 6–12 Monate Die Kräuter müssen vor dem Verpacken wirklich trocken sein, da sonst leicht Schimmel entstehen kann! Teste, ob sie beim Anfassen rascheln und leicht zerbrechen. Wenn nicht, dann trockne lieber noch einmal nach.	Trocknen eignet sich als Methode vor allem für Kräuter, und zwar für ganze Triebe genauso wie für Triebspitzen, Blätter oder Blüten. Video zum Trocknen:	Kräuter in trockenem, sauberem Zustand ernten und nicht waschen, auf einem feinmaschigen Gitter ausbreiten und dieses an einen warmen, trockenen Ort ohne direktes Sonnenlicht und ohne Zugluft legen. Alternativ einen mit einem Leintuch bespannten Wäscheständer verwenden. Die meisten Blätter und Blüten sind nach 3–5 Tagen (je nach Temperatur) trocken. Anschließend die Kräuter in Dosen oder dunkle Gläser füllen oder zu einer Würzmischung weiterverarbeiten.

Backe dir leckere Rote-Beete-Chips!

Video für Topinambur-Chips:

- → Wasche deine Knollen.
- → Hoble sie in 0,5–1 mm dicke Scheiben.
- → Lege die Scheiben auf ein mit Backpapier bedecktes Backblech und backe sie bei 80–100 °C Umluft ca. 1 Std. knusprig – wende die Chips mehrmals.
- → Salze die noch warmen Chips.

Diese Dips will ich dazu mal ausprobieren:

Vielleicht aus etwas, das auf meinem Hochbeet gerade reif ist?

TIPP

Hast du keinen geeigneten Platz zum Trocknen deiner Kräuterernte? Dann geht auch eine „Blitztrocknung“ im Backrohr. Die dauert nur einige Stunden, wobei die Backofentür einen Spalt breit geöffnet bleiben muss und die Temperatur nicht über 35 °C steigen darf. Auch ein Dörrapparat leistet gute Dienste.

TIPP

Selbst wenn du alle Hygieneregeln beachtest und dich genau an das jeweilige Rezept hältst, kann beim Haltbarmachen auch mal was schief gehen. Vor dem Verzehr deines Produkts solltest du daher unbedingt all deine Sinne gebrauchen, um sicher zu sein, dass deine Ernte auch genießbar ist; im Zweifel weg damit!

Zum Nachschlagen & Stöbern

Lösungen für Seite 31
A Weinbergschnecke
B Schnirkelschnecke
C Ackerschnecke
D Spanische Wegschnecke
E Tigerschnegel

Hat dich das Hochbeet-Gärtnern angefixt und du willst noch mehr darüber erfahren? Hier empfehlen wir dir ein paar nützliche Adressen und Bezugsquellen und geben Tipps zum Weiterlesen und Schmökern.

Adressen & Bezugsquellen

Auf unserer Homepage findest du Seminarangebote, Gartenbilder und unsere eigenen Fachartikel:
www.renate-hudak.de

Gartenartikel und Gewächshäuser:
Beckmann, Simoniusstr. 10, 88239 Wangen im Allgäu
www.beckmann-kg.de

Gartenwerkzeuge, Abdeckfolie und -vlies, Schneckenkrägen:
Gartenbedarf-Versand Richard Ward, Ottobeurer Straße 46 a, 87733 Markt Rettenbach
www.gartenbedarf-versand.de

Hochbeete aus Holz mit Abdeckungen und Aufsätzen, Tischhochbeete etc.:
Gartenfrosch, Bierweg 1a, 86492 Egling a. d. Paar
www.gartenfrosch.com

Saatgut, Pflanzen und Kräuter:
Staudengärtnerei Gaißmayer, Jungviehweide 3, 89257 Illertissen
www.gaissmayer.de

Saatgut:
Kiepenkerl / Bruno Nebelung GmbH, Freckenhorster Str. 32, 48351 Everswinkel
www.kiepenkerl.de

Zum Weiterlesen

von Hudak, Renate und Harazim, Harald:

- → Das geniale Hochbeet-Buch. Verlag Eugen Ulmer, Stuttgart, 2022.
- → Mein Ketchup wächst im Hochbeet. Verlag Eugen Ulmer, Stuttgart, 2024.
- → Hochbeete: Cleveres Gärtnern und reiche Ernte. Gräfe und Unzer Verlag, München, 2013, 2015 (Neuaufl.).
- → Mein Selbstversorger-Garten rund ums Jahr. Weltbild Verlag, Augsburg, 2016.
- → Ratzfatz Gemüse, Obst & Kräuter ernten. Verlag Eugen Ulmer, Stuttgart, 2021.
- → Gartenabfall gibt's nicht. Verlag Eugen Ulmer, Stuttgart, 2022.

Über die Autoren

Renate Hudak und Harald Harazim sind leidenschaftliche Gärtner und bieten gemeinsam ein natur- und umweltpädagogisches Programm an.

Renate Hudak, Diplom-Ingenieurin für Gartenbau (FH), ist am Botanischen Garten Augsburg tätig. Schon seit vielen Jahren arbeitet sie als freie Gartenautorin und Referentin für Gartenfachvorträge und -seminare.

Harald Harazim absolvierte an der TU Braunschweig seine Ausbildung zum Maschinenbauer und arbeitete in der Forschung. Nach seinem Abitur studierte er Europarecht und war als Referent im Bereich transnationale Teambildung und Kommunikation tätig. Inzwischen arbeitet er als freier Autor, Referent in der Umweltbildung und selbstständiger Naturlehrer. Mittlerweile hat er eine Menge Hochbeete gebaut und bewirtschaftet und zahlreichen Kindern die Natur und den Garten nahegebracht.

Video über die Autoren:

Schnell nachgeschlagen

Abdeckung 50
Ableiten 104
Asia-Salat 95, 99
Auslichten 104
Aussaat 62

Basilikum 87, 91
Baumaterial 19
Beerenbeet 13
Beet-Plan 68, 76, 84, 92
Beispielbepflanzung 68, 76, 84, 92
Bewässerung im Urlaub 100
Buschbohne 79, 83

Dosenhotel 123
Doseninsektenhotel 122
Düngen 110, 119

Einpflanz-Anleitung 65
Ernte haltbar machen 137
Ernte lagern 136
Erntereife 131
Erntezeitpunkt 130

Familienbeet 68, 76, 84
Feldsalat 95, 99
Füllanleitung 28
Füllmaterial 26

Gemüsebeet 12
Gemüsezwiebel 78
Gießen 100
Grundaufbau 19
Grünkohl 92, 99
Gurke 79, 83

Hacken 108
Hochbeet-Typen 10
Hokkaido-Kürbis 70, 75, 136
Hybridsorten 59

Kastenhochbeet 10
Knollenfenchel 77, 83, 136
Kohlrabi 76, 83, 136
Kompost 112
Kompost anlegen 116
Kompost-Pflege 115
Kräuterbeet 12

Lauch 93, 99, 136
Licht 17, 59
Löffelkraut 99

Mexikanische Mini-Gurke 70, 75
Migräne. Siehe Kopfschmerzen
Mittelzehrer 66, 111
Mulchen 31, 108

Nachbarschafts-vorlieben 54
Nützlinge anlocken 120

Ohrenkneifer-Dosenhotel 123
Oregano 91

Petersilie 91
Pflanzabstand 64
Pflanzenjauche 118
Pflanzenstützen 105, 106
Pflanztiefe 64
Pflege nach Jahreszeiten 34
Frühling 34
Herbst & Winter 46
Sommer 40
Pflücksalat 69, 75
Planung 66

Radieschen 75
Rankhilfen 106
Rosenkohl 93, 99, 136
Rosmarin 85, 91
Rote Bete 77, 83, 136
Rucola 83

Salbei 84, 91
samenfeste Sorten 59
Schädlinge bekämpfen 124, 126
Schnecken abwehren 30
Schnittknoblauch 91
Schnittlauch 91
Schwachzehrer 66, 67, 111
Spinat 69, 75
Standort Hochbeet 16
Standort Kompost 114
Starkzehrer 63, 111
Staudenbeet 13

Thymian 85, 91
Tomate 71, 75
Tomatillo 78, 83

Untergrund 16, 22

Voraussetzungen 16
Vorzieh-Anleitung 60, 65
Vorziehen 58

Wärme 17, 59
Wasserversorgung 17, 100
Winterkopfsalat 99
Winterportulak 94, 99

Zucchini 71, 75
Zuckerschote 75
Zugang 17
Zwiebel 83, 136

Icons bei den Pflanzenporträts:

Schwierigkeit/Pflegeaufwand:
gering
mittel
hoch
Wasser:
gering
mittel
hoch
Nährstoffe:
wenig
mittel
viele
Standort:
Sonne
Halbschatten
Schatten

Impressum

Bildquellen: Norbert Liesz: S. 17, 105 & 141 | Renate Hudak: S. 107 || Shutterstock.com: ajt: S. 31 o. li. | Aleksandar Dickov: S. 31 u. li. | Ametist_Studio: S. 58 | AmyLv: S. 84, 85 o. & 127 u. | Bjoern Wylezich: S. 94 u. | bonchan: S. 93 u. & 95 u. | Bozena Fulawka: S. 78 o. | C Teubner: S. 94 o.| Caito: S. 78 u.| der-teppi.de: S. 121 u. | domnitsky: S. 126 u. | Edward Westmacott: S. 93 o. | Floki: S. 101 | fotoearl: S. 76 | FotoHelin: S. 43 | Gummy Bear: S. 127 M. | guy42: S. 31 o. re.| Hortimages: S. 87 o. | Juntee: S. 92 | Kaca Skokanova: S. 114 | Kovaleva_Ka: S. 77 u. | lauracrisbasianu: S. 69 M. | Lotus Images: S. 87 u. | Maks Peoplenko: S. 79 u. | Manfred Ruckszio: S. 87 M. | Mariana Serdynska: S. 109 | MasterQ: S. 69 o. | NataliaZa: S. 69 u. | Nataly Studio: S. 127 o. | Natalya Bidyukova: S. 86 o. | nechaevkon: S. 124 | New Africa: S. 71 u. | Noel V. Baebler: S. 47 | Oksana Zavadskaya: S. 31 u. re.| Oleksandr Lytvynenko: S. 126 o. | Oleksii Synelnykov: S. 35 | Only Fabrizio: S. 77 o. | Peter Zijlstra: S. 71 o. | PIXbank CZ: S. 70 o. | Pixel-Shot: S. 94 M. | SakSa: S. 79 o.| Scisetti Alfio: S. 85 u. | Shamils: S. 79 M. | Shaplov Evgeny: S. 41 | TG23: S. 36 | Tim UR: S. 59 | Tsekhmister: S. 31 M. | Vit_Os: S. 68 | warat42: S. 86 u. | xpixel: S. 121 o. | Yalcin Sonat: S. 95 o. | yingko: S. 70 u. | **Zeichnungen:** Alle Zeichnungen stammen von Susanne Dinkel. | **Icons & Doodles:** Die Layoutelemente erstellte Michaela Maylander, www.sistermic.de, mit Ausnahme der folgenden: Shutterstock.com: ahmad agung wijayanto: Daumen | Alex Pin: Gartenschere | Amina Uzdenova: Glühbirne | ArtMari: Kleber | Ma Sua: Kreuz | Mari_Bryk: Spaten-Schaufel | MariMuz: offenes Buch | Nadiinko: Sonne, Sonne hinter Wolke, Wolke & Tropfen | Polina Tomtosova: Ausrufezeichen | Pukskup: Fotoapparat & Farbpalette | Vector bucket: Herz || creativemarket.com: danceyourlife: Schaufel & Gabel | Naive Feel: Papier-Hintergrunde des Umschlags und der Aufmacher | NatalieArtShop: Hand mit Stift & Bucherstapel | Pinkbrush: Checkboxen, Tippboxen, Striche, Pfeile, Knäuel, Sprechblasen auf Seite 7 & Sterne.

Anmerkung zur Schreibweise (Gendering): Gendergerechtigkeit und Inklusion sind bei uns gelebte Praxis – bei der Auswahl unserer Themen, bei der Recherchearbeit, in der Gestaltung. Unsere Texte meinen alle. Damit unsere Inhalte jedoch gut lesbar bleiben, verzichten wir in diesem Werk auf die jeweilige Mehrfachnennung oder Anpassung der Schreibweise bestimmter Bezeichnungen an die weibliche, männliche oder diverse Form.

Bibliografische Information der Deutschen Nationalbibliothek
Die Deutsche Nationalbibliothek verzeichnet diese Publikation in der Deutschen Nationalbibliografie; detaillierte bibliografische Daten sind im Internet über http://dnb.d-nb.de abrufbar.

Wollgrasweg 41, 70599 Stuttgart (Hohenheim)
E-Mail: info@ulmer.de
Internet: www.ulmer.de
Projektleitung: Saskia Hoen
Lektorat: Melanie Kattanek
Herstellung: Birgit Heyny
Reihen- & Umschlaggestaltung: Michaela Mayländer, Stuttgart, www.sistermic.de
Satz: Marion Schreiber, www.marionschreiber.de
Reproduktion: time:ray, Jettingen
Druck und Bindung: Pustet, Regensburg
Printed in Germany

ISBN 978-3-8186-2597-9

FSC www.fsc.org MIX Papier | Fördert gute Waldnutzung FSC® C014889